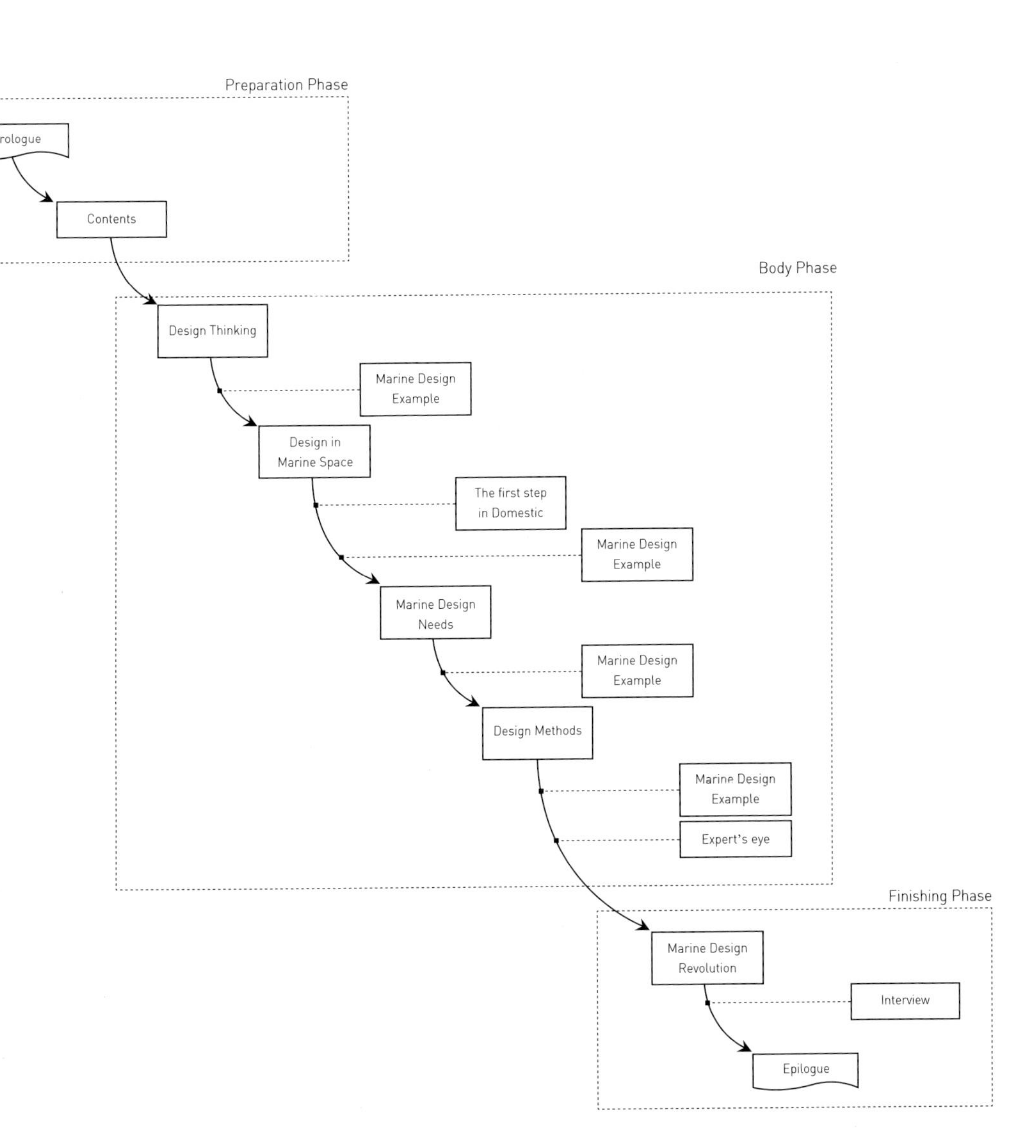

Preparation Phase
Prologue
Contents
Body Phase
Design Thinking
Marine Design
Example
Design in
Marine Space
The first step
in Domestic
Marine Design
Example
Marine Design
Needs
Marine Design
Example
Design Methods
Marine Design
Example
Expert's eye
Finishing Phase
Marine Design
Revolution
Interview
Epilogue

초판 1쇄 발행	2013년 9월 15일
지은이	정규상, 이현성, 신서영
펴낸곳	도서출판 미세움
	150-838 서울시 영등포구 신길동 194-70
	T. 02-703-7507 F. 02-703-7508
펴낸이	강찬석
디자인	신서영
일러스트	박지현
출판등록	제313-2007-000133호
ISBN	978-89-85493-75-8 93540
정 가	15,000원

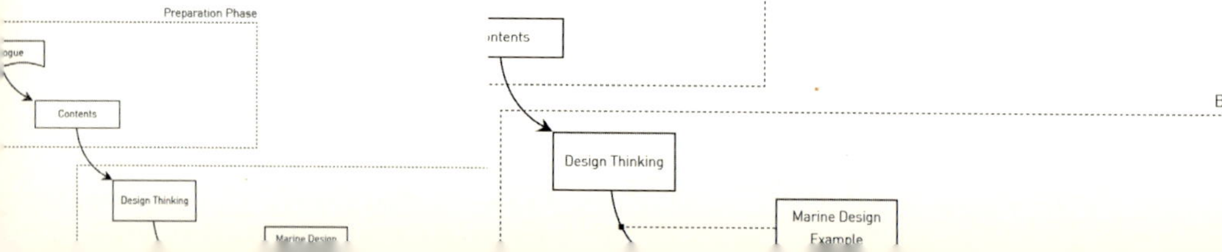

디자인으로 바라보는 바다이야기

해양 공간디자인

Introduction to the Marine Design,
the design manual for activation of marine space.

정 규 상

1962년 출생. 일본애지현립예술대학원에서 그래픽 디자인
으로 석사학위를 받고 연구원으로 근무하였다. 이후 일본 디
자인 및 설계회사에서 경력을 쌓고 1996년부터 국내 협성
대학교 디자인학부 교수로 재직하면서 화성동탄신도시, 판
교 신도시, 파주교하 신도시, 청주지웰시티의 공공시설물 디
자인, 서울시 중구청 옥외광고물 가이드라인 개발, 강남구청
사인시스템 디자인 개발 등의 연구를 진행하였다. 현 서울
시 디자인위원회 위원, SH공사 디자인 심의위원, 인천광역
시 경관건축위원회 심의위원, ·세종시 공공디자인 자문위원,
한국공공디자인학회 부회장을 역임하고 있다.

이 현 성

1973년 출생. 아주대와 홍익대에서 건축학 및 공간디자인을
공부하던 중 영국 런던으로 건너가 Kingston University에서
Landscape Urbanism으로 MA를 취득하였다. 현재 서울대
학교 협동과정 도시설계학 박사과정 중에 있으며 남서울대,
고려대, 서울과학기술대에 출강하고 있다. (주)에스이공간환
경디자인그룹의 디자인 디렉터를 맡고 있다.

신 서 영

1981년 출생. 시각 디자이너로서 실무를 경험하다가 디
자인 이론에 관심을 갖고 국민대 TED에서 디자인학을 공
부하였다. 디자인 역사와 일상의 디자인 현상에 관심이 많
다. 디자인 웹진에 담론, 취재기사를 기재한 바 있으며, 이
를 바탕으로 『인문적 디자인사색—서울디자인 15풍경』(국
민대출판부, 2013)에 공동저자로 참여하였다. 현재 (주)에
스이공간환경 산업공간디자인기술연구소 책임연구원으로
근무 중이다.

해 양 의   공 간 환 경 을   마 주 하 는   시 선

'형태는 기능을 따른다'라는 루이스 설리반의 유명한 말이 있습니다. 디자인은 하나의 작동하는 엔진의 개념으로서 산업시대에 걸맞게 그 역할을 충실히 지켜왔습니다. 이제 디자인은 유형적인 내용에서 무형적인 형이상학적 가치를 추구해 나가는 하나의 가치 부여 수단으로 발전해 나가고 있습니다. 즉, 시대정신에 따라 목적과 수단이 달라지고, 디자인이 그 시대가 가지고 있는 가장 큰 가치에 대한 여러 대안들을 제시하는 그러한 시대가 되었습니다. 새로운 아젠다를 찾아내고 그 아젠다를 실현하기 위한 과정의 수단으로 디자인을 바라봅니다. 그리고 그 눈으로 '바다'를 봅

해 양　　　　　　　공 간 환 경 에　　　　　　　대 한

니다. 경외의 대상이자 거대한 자연의 힘을 느끼게 하는 바다에 대해 시대적 아젠다를 염두에 두고 새로운 접근을 시도합니다.

　　　도시 사람들에게 바다는 하나의 잠재적이고 관조적 대상으로서, 조금은 거리가 느껴지는 곳이었습니다. 그러한 대상에 디자인이라는 가치부여 엔진은 일상의 활동적 공간으로서 추구해야 할 가치들을 보여주게 될 것이고, 인간과 자연 모두를 위한 부가가치를 창출할 것이라 기대합니다. 과학적·경제적 탐구대상으로서만이 아닌 인간과 상생할 수 있는 창의적 공간으로 말입니다.

디 자 인　　　관 점 의　　　가 치　　　발 견

　이제 바다에 무궁무진하게 숨겨진 가치를 꺼내어 공유하기 위한 디자이너로서의 의지를 가지고 '형태는 가치를 따른다'라는 새로운 관점으로 바다를 이야기합니다.

2013년 5월

정규상, 이현성, 신서영

목차

해양 디자인에 대한 이해를 돕기 위
하여 성공적으로 실행된 해외 사례
를 본문 중간에 삽입하였습니다.

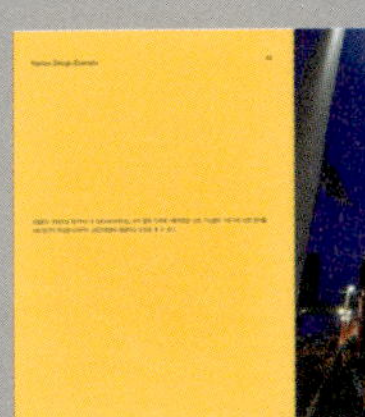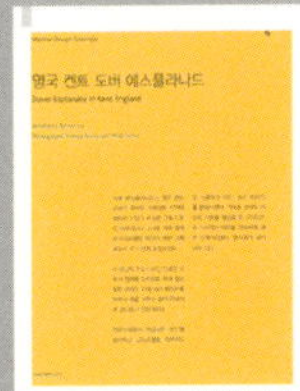

인용, 참조된 문헌 및 온라인 사이트
를 각 페이지 하단과 후반부 참고문
헌에 별도 수록하였습니다.

한국공예디자인문화진흥원, 「2009 디자인 백서」, 문화체육관광부, 2010.

파트별 내용을 상징적으로 표현한
일러스트레이션을 각 장 우측 상단
에 삽입하였습니다.

Design Thinking

Design in
Marine Space

The first step
in domestic

Marine Design
Needs

Design Methods

Marine Design
Revolution

Expert's eye,
Interview

Marine Design
Example

Design 뒤집기

해양 디자인을 언급하기에 앞서 디자인 자체에 대한 개념 이해가 필요하다. 디자인이 주로 단일 제품의 외형으로 인식되는 까닭에 해양 디자인 영역 또한 선박, 레저 용품의 외관 개발에 국한되고 있기 때문이다. 본 장에서는 디자인의 개념이 유연하게 변화, 확장되어가는 현상을 살펴보고 특히 20C 후반부터 강조되고 있는 디자인의 역할을 알아보고자 한다.

Design 뒤집기

**디자인의 개념 변화 ;
명사형 디자인에서
형용사형 디자인으로**

'디자인'이라는 단어를 듣거나 사용할 때 어떠한 이미지를 떠올리는가? 또는 어떠한 대상을 설명하기 위함인가? 사전에서 디자인에 대해 첫 줄에 등장하는 '작품의 설계나 도안'이라는 정의는 쉽게 자동차, 의류, 가전제품이나 건물에 대한 계획된 그림을 떠올리게 한다. 국내 대학의 디자인 관련 학과는 일반적으로 시각, 제품, 의상, 건축과 같이 결과물의 외형적 특성을 기준으로 학문의 범주를 구분하고 있다. 그러나 현재 우리가 읽는 디자인 혹은 디자이너라는 단어는 생활 공간 속 예상치 못한 곳에서 생각지 못한 단어들과 함께 불쑥 등장한다.

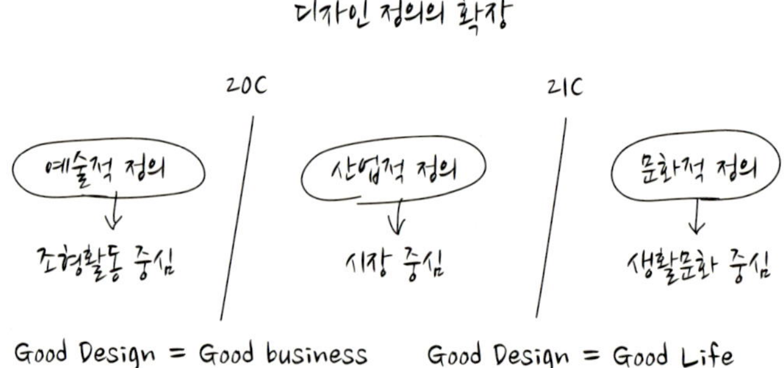

한국공예디자인문화진흥원, 「2009 디자인 백서」, 문화체육관광부, 2010.

라이프 디자인, 여행 디자인, 클린 디자인, 공공디자인, 지속 가능한 디자인, 유니버설 디자인, 에코 디자인, 이타적 디자인까지…. 이러한 디자인은 특정 제품의 스케치를 의미하는 것도, 특정 학과에서 다룰 수 있는 대상도 아니다. 이 개념어들은 디자인의 대상이 유형에서 무형적 요소로 확장되었다는 것을 의미하며, 이의 영향으로 '명사 + 디자인'의 조합이 '형용사 + 디자인'의 조합으로 변화되었다. 즉, 무엇을 디자인할 것인가보다 어떻게 디자인할 것인가, 혹은 무엇을 위하여 디자인할 것인가가 보다 중요한 담론의 주제로 떠오르게 되었다.

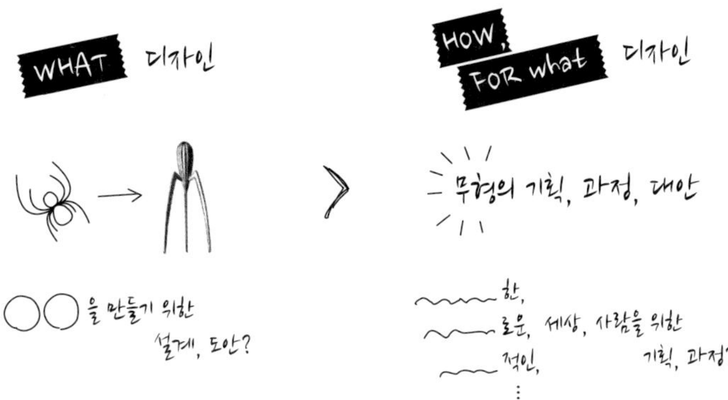

디자인이란?

기능과 형태에 관한 것만이 아닌 전향적 문제 해결을 위한 창의적 대안 과정의
개념
허버트 사이먼 (Herbert Simon, 1916~2001)

모든 인간 활동의 기초.
욕구하고 예측 가능한 결과를 향한 모든 행위의 계획과 조직이 디자인 과정을
구성한다.
빅터 파파넥 (Victor Papanek, 1927~1998)

욕구를 충족시키고 삶에 의미를 부여하기 위해 환경을 변형시키고 창조하는
인간 고유의 능력
존 헤스켓(John Heskett, 1937~   )

빅터 파파넥, 『인간을 위한 디자인』, 미진사, 2009.
존 헤스켓, 『로고와 이쑤시개』, 세미콜론, 2005.

디자인은 어떤 과정(디자인하는 행위 혹은 실기)을 가리키기도 하며, 이런 과정의 결과(디자인, 스케치, 시안도면, 모델), 혹은 어떤 디자인의 도움으로 만들어진 제품(디자인 상품), 혹은 제품의 생김새나 전반적인 형태(나는 저 드레스의 디자인이 마음에 들어요)를 가리키기도 한다.

존 A. 워커(John A. Walker, 1938~)

현대의 디자인은 사람이 만드는 모든 것에 대한 고안이며, 기획임과 동시에 기본적으로 생활의 질적 향상을 위한 수단이다.

샬로트 필, 피터 필(Charlotte Fiell, Peter Fiellt)

커뮤니케이션을 위한 수단으로든, 표현을 목적으로 사용되든, 새로운 고객을 만들기 위해서든, 오래된 고객을 만들기 위해서든, 어디에나 디자인은 존재한다. … 디자인은 우리 모든 존재에 스며들어 일상생활에서 빠질 수 없는 부분이 됐다.

락시미 바스카란(Lakshmi Bhaskaran)

존 A. 워커, 『디자인의 역사』, 까치, 1995.
샬로트 J. 피터 M. 『20세기 디자인』, 아트앤북스, 2003.
락시미 바스카란, 『한 권으로 읽는 20세기 디자인』, 시공아트, 2007.

21세기 디자인의 역할은 무엇일까

미술활동에서 파생된 디자인 개념은 제품의 미적 가치 향상을 위한 장식, 산업제품의 양질화를 위해 고안된 조형, 경제적 이윤을 얻기 위한 마케팅과 스타일링을 거쳐 20세기 후반부터는 일상 속의 문화로 인식되기 시작했다. 즉, 디자인이란 시대적 환경과 사회적인 요구, 그것을 정의하는 주체의 관점에 따라 달리 인식, 혹은 강조되는 유연적 개념인 것이다. 그러나 과거의 정의 또한 부정되거나 분절적으로 인식되기보다 누적되는 개념으로서 이해되어야 할 것이다.

20세기 초 이후의 대표적인 사회학자, 디자인 사가(史家), 디자이너들의 언급을 살펴보면 이 시기에는 무엇보다도 우리 삶을 전향적으로 변화시키기 위한 과정과 대안으로서의 디자인 역할이 강조되었음을 알 수 있다.

18c   1910   1950   1970~

문화와 사회적 관계

장식과 기능   대량생산 위한 조형   기호와 스타일링

개념의 누적

제품 디자인
산업 디자인
시각 디자인
포장 디자인
건축 디자인
⋮

조형 고안
장식
스타일링
기능

문화

유형 有形
DESIGN
무형 無形

해결 과정
분석
계획
프로그램
관리 방안

지속 가능한 디자인
그린, 에코 디자인
공공디자인
서비스 디자인
커뮤니티 디자인
⋮

디자인 영역은 지속적으로 확장되고 있다

디자인의 개념이 확장됨에 따라 디자인 산업의 수용시장 범위와 역할 또한 제품의 기능이나 경제적 가치 창출을 목적으로 하는 제조분야를 넘어 무형적 가치를 창출하는 분야로 확대되고 있다. 민간분야의 제조 · 서비스 산업 혁신에 기여하여 기업의 경제적 가치 창출을 유발하는 산업이 전통적 디자인 산업의 범위라고 볼 때, 민간 및 공공서비스 분야의 문제점을 디자인을 통해 해결함으로써 국민의 삶의 질을 향상시키는 산업이 새롭게 확장되고 있는 디자인 산업의 범위라 할 수 있다.

새로운 디자인 영역은 합목적성, 심미성, 창조성, 경제성으로 대표되는 디자인의 기본 속성 외에도 생태학적, 사회 · 문화적인 영향을 기준으로 평가되고 진행된다.

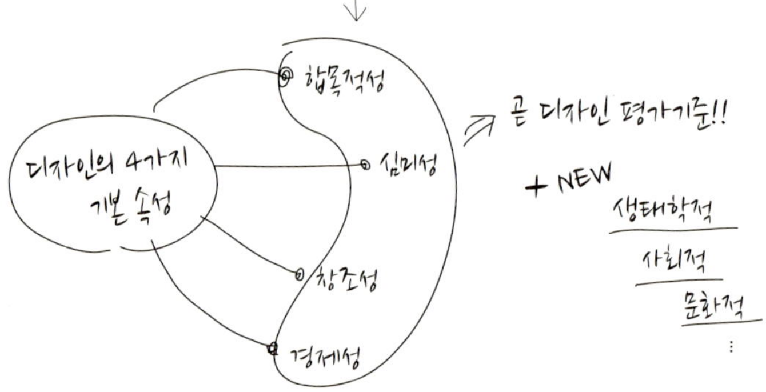

김해련 외, 「대한민국 디자인 전략 2020 보고서」, 한국디자인진흥원, 2011.
임연웅, 『현대디자인원론』, 학문사, 2002.

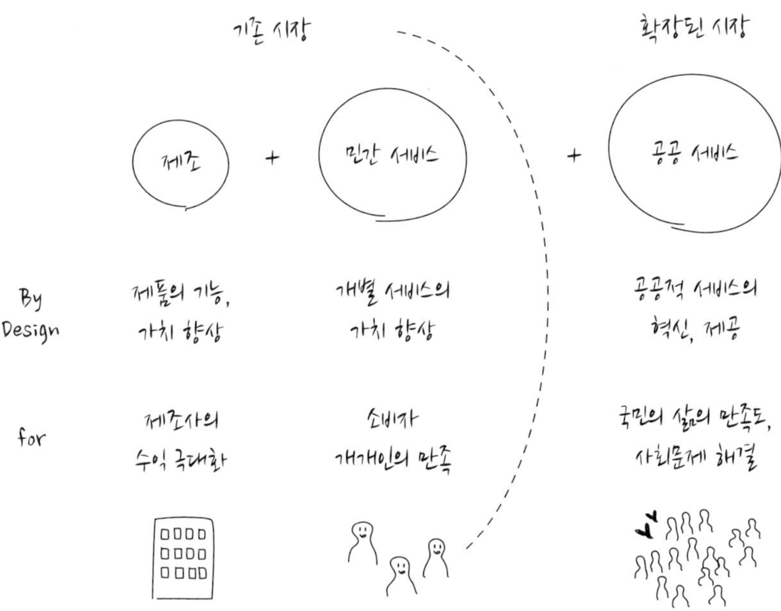

한국공예디자인문화진흥원, 「2009 디자인 백서」, 문화체육관광부, 2010.

스페인 바르셀로나 포럼 워터프론트

Forum Waterfront in Barcelona, Spain

Architects: FOA, A.Herreros

1992년 바르셀로나 올림픽을 계기로 몬주익 올림픽 공원과 올림픽 공원 동쪽의 벨 항에 대한 리노베이션이 시작되었다. 또한 올림픽 해안공원 조성과 같은 다양한 오픈 스페이스 조성사업이 진행되었다. 2004년 바르셀로나 국제문화 포럼을 계기로 공공공간 조성사업은 보다 활발히 재개되었다.

포럼 워터프론트는 포럼 수변광장, 콘크리트 해수욕장, 북동 해안공원, 남서 해안공원으로 구성되어 있다. 이 4개 공간은 폭 40m, 길이 1.5km의 보행로를 통해 남서쪽 바르셀로나 벨 항과 연결된다. 포럼 수변광장의 면적을 확보하기 위해 기존 해안선 일부를 매립하였으며 해안 고속도로와 기존 하수처리장을 지하화하였다. 데크 광장의 입체화로 생겨난 바다쪽으로의 17m 단 차이는 램프와 스탠드로 처리하였고, 광장이 해안과 맞닿은 위치에 4,500㎡ 면적의 태양열 집열판을 설치한 대형 콘크리트 솔라 파고라를 위치시켰다. 이를 통해 444kw의 전력을 생산할 뿐 아니라 그늘을 제공하고 전망대 역할도 겸하고 있다.

진양교, 『Journey to the Memory and Symbol : 43 도시재생공원』, 조경, 2010.
www.barcelonaturisme.com

영국 켄트 도버 에스플라나드

Dover Esplanade in Kent, England

Architects: Tonkin Liu

Photographs: Robbie Polley and Mike Tonkin

도버 에스플라나드는 영국 켄트 도버의 워터루 크레센트 지역에 위치하고 있다. 이곳은 건축가 톤킨 리우(Tonkin Liu)에 의해 설계된 6,000평방미터의 해변 산책로로서 2010년에 준공되었다.

이 공간의 주요 디자인 콘셉트는 파도의 형태를 모티브로 하여 형상화한 것이다. 이에 따라 웨이브를 띠면서 층을 이루는 흰색 콘크리트 경사로가 인상적이다.

편의시설로서 떡갈나무 벤치를 설치하고 LED조명을 적극적으로 사용하여 야간 경관 이미지를 향상시켰다. 가로등 상부도 파도의 기포를 형상화한 디자인으로 시각적인 재미를 전달하며, 해안 모래사장에는 방사제가 설치되어 있다.

일본 기타큐슈 모지코 레트로

Mojiko Retro in Kitakyushu, Japan

Progress: Kitakyushu City Government

모지코는 1890~1940년 일본을 대표하는 무역항으로서 철도의 거점이었으며 대금융 자본과 상사가 진출해 있었다. 그러나 1942~1975년에 걸쳐 간몬 국도 터널, 간몬교가 개통되고 전쟁 후 대륙무역이 감소하자 교통 거점으로서의 입지를 상실했다. 이에 해체 위기에 직면한 역사적 건조물 보호와 지역특성을 살리기 위한 목적으로 국가에서 지원 사업을 실시하였다.

모지코 레트로 제1기 사업(1988~1994년)에서는 총 300억 엔을 투자하여 역사적 건조물 보존 활용, 유람로와 전망대 정비, 제일선박계류장 하네바시 건설사업 등을 진행하였다. 그 결과, 관광객이 94년 25만 명에서 95년에 107만 명으로 비약적으로 증가했다.

1997년부터 진행된 2기 사업에서는 공공과 민간이 약 150억 엔씩 투자하여 유람성 향상 및 체류시간 장시간화, 야간 경관 정비, 상가 활성화를 위해 노력했다. 이의 결과로 2004년에는 관광객이 230만 9천 명으로 증가했다.

(주)휴앤즈, 「공공디자인 선진사례 연구답사 제6차 자료」, 한국디자인진흥원, 2008.

율할 수 없다. 해양공간의 잠재적 가치를 발굴하기 위하여 무엇보다 해양공간 환경별 특성에 대한 올바른 이해가 필요하며 가치 향상을 위한 수단으로서 해양 디자인의 역할을 인지해야 할 것이다.

<u>바다에서 Design 찾기</u>

해양 공간자원에 대한 수요가 늘어감에 따라 공간의 기능 또한 점차 다양화·복합화되어 가고 있다. 그러나 한정된 자원에 대하여 명확한 사용계획과 지향성이 없으면 사용자 간, 자연과 인간 간의 충돌을 조

Design in Marine Space

바다에서 Design 찾기

왜 지금 바다에 주목하는가

글로벌 경제위기와 육역자원의 고갈로 인해 해양의 경제·환경적 가치가 새로운 국가 성장 동력으로 주목받고 있다. 이러한 흐름에 따라 천연자원의 채취·육성·가공 및 항만운영에 집중되었던 해양산업 또한 에너지원, 신물질 개발과 같은 과학기술 분야와 해양 스포츠, 비즈니스, 마리나, 쇼핑, 교육과 같은 문화산업 영역으로 확장되었다.

국내에서도 국민소득 및 여가시간의 증가에 따라 해양 관광, 레저 등 해양활동에 대한 수요가 급증하고 있다. 국내 해안은 길이만 12,733km에 이르며 3천3백여 개의 도서와 동서남해안별 독특한 해안선을 지니고 있어 활용할 만한 공간자원이 무궁무진하다. 그러나 이의 활용방법은 국외와 비교하여 볼 때 다양성이나 창의적인 측면에서 다소 제한된 것으로 보인다.

해양정책국, 「연안가치 제고와 지역경제 활성화 방안」, 국토해양부, 2011.
국립해양박물관 | www.nmm.go.kr

육지 —> 자원 고갈

⬇

(바다)

천연자원 활용 + 신에너지 개발
물류 운송   해양 스포츠
             비즈니스
             마리나   확장
             쇼핑
             교육
              ⋮

머니투데이 | www.mt.co.kr, 2009.12.18.
vincent.callebaut.org

해양 디자인에 대한 인식의 한계

해양 및 연안 공간의 기능이 다양화·복합화되었다는 것은 여름철에 집중되었던 공간 활용이 사계절 이용으로 변화했음을 의미한다. 이렇듯 공간 이용시간, 사용자의 증가를 포함하여 해수면 상승과 인구 고령화 등과 같은 사회적·환경적 변화는 도시 인프라와 공공 편의시설, 공간 이용 프로그램에 대해 물리적·내용적으로 고려된 설계를 필요로 한다. 즉, 남녀노소, 신체적 불편함의 유무에 상관없이 누구나 해양공간으로의 접근이 쉬워야 하며, 풍

토적인 조건에 견딜 수 있는 시설물이 설계되어야 할 것이다. 또한 비일상적인 경험을 제공할 수 있는 공간 연출, 프로그램이 갖추어져야 지속적으로 이용될 수 있을 것이다. 이러한 조건들은 디자인 기술을 통하여 제공될 수 있다.

그러나 아직까지 국내 해양 기술연구는 전통적 해양산업이나 에너지 개발에 대해 집중적으로 이루어지고 있다. 그리고 해양 디자인은 여전히 레저 용품의 외형이나 기능 강화를 위한 부차적 작업으로만 인식되어 공간에 대한 디자인적 측면의 시도가 활발히 진행되지 않고 있다. 지난 2010년 부산에서 개최된 〈해양디자인 국제컨퍼런스〉의 발표자료들을 살펴보더라도 해양 디자인은 주로 조선 기자재. 레저 장비와 관련된 외형 개발로서 세부적으로는 요트, 웨이크 보드, 헬맷이나 브랜드 상품개발 과정으로 소개되고 있다. 또한 해양 조선사업에 한정된 디자인 기여도마저도 그 정도가 8.3%에 그쳐 국외의 해양분야 디자인 기여도 34.7%, 국내 타 산업분야에서의 디자인 기여도 평균 40%의 수준에 못 미치는 실정이다. 즉, 자동차, IT산업, 섬유패션산업 분

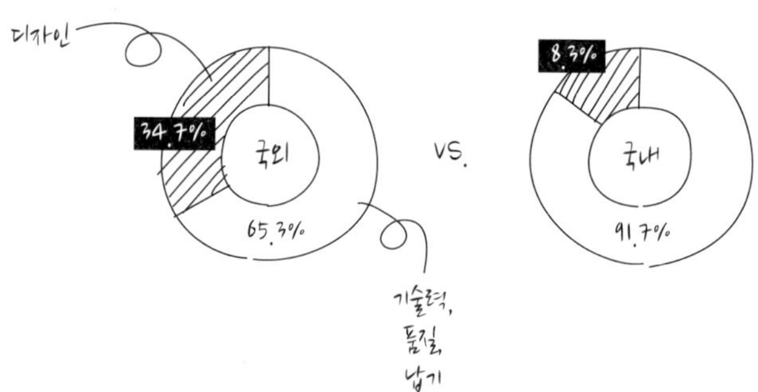

지역디자인혁신사업 해양디자인DB | mdb.dcb.or.kr
정찬수. 「선박 및 해양레저산업에 대한 디자인 인력양성에 관한 연구」, 홍익대 박사학위 논문, 2011.

야와 비교했을 때 해양 영역에 대한 디자인의 관련성은 극히 미비하다고 판단할 수 있다.

해양 디자인의 개념 정립이 시급하다

결론적으로 디자인 개념이 변화하고 육역에서 공공적 디자인에 대한 관심이 확대되었음에도 불구하고 해양 영역에서는 디자인이 학문적으로나 상업적으로 제품 외형개발 행위에 국한되어 인식되고 있다. 따라서 어느 때보다 해양 공간환경의 가치에 주목하는 현 시점에서 해양 디자인을 모든 해양에서의 활동에 대한 문화적·공공적 가치 향상을 위한 창의적 대안과정으로 바라보기 위한 명확한 개념 정립이 필요하다.

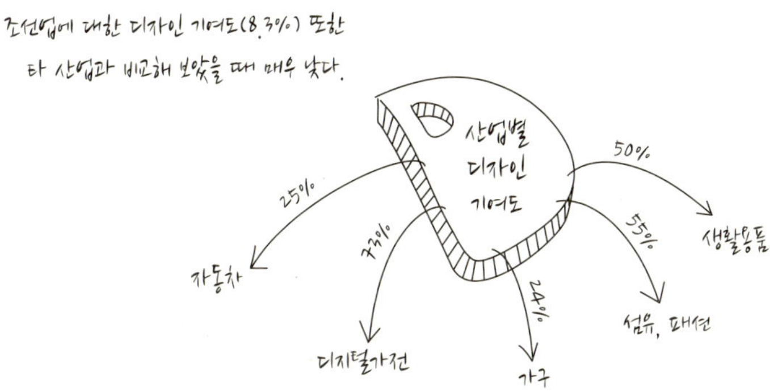

산업자원부, 「선박기술로드맵」, 2002.

해양 디자인 정의하기

**첫째, 해양 공간환경
이해하기부터…**

사전적 정의에 의하면 해양이란 지구 표면의 약 70%를 차지하는 수권으로서 태평양 · 대서양 · 인도양 따위를 통틀어 이르는 넓고 큰 바다를 의미한다. 해양 및 해양산업과 관련된 법률상에서 해양은 다음과 같이 이해되고 있다.

■ 해양환경관리법(법률 제10803호)
해양환경이라 함은 해양에 서식하는 생물체와 이를 둘러싸고 있는 해양수, 해양지, 해양대기 등 비생물적 환경 및 해양에서의 인간 행동양식을 포함하는 것으로서 해양의 자연 및 생활 상태

■ 해양수산발전 기본법(법률 제9717호)
해양이라 함은 대한민국의 내수 · 영해 · 배타적 경제수역 · 대륙붕 등 대한민국의 주권 · 주권적 권리 또는 관할권이 미치는 해역과 헌법에 의하여 체결 · 공포된 조약 또는 일반적으로 승인된 국제 법규에 의하여 대한민국의 정부 또는 국민이 개발 · 이용 · 보전에 참여할 수 있는 해역
해양자원이라 함은 개발 · 이용이 가능한 해양생물자원 · 해양광물자원 · 해양에너지 · 해양관광자원 및 해양공간자원 등 국가경제 및 국민생활에 유용한 자원

관련법상에서 해양은 천연자원과 경관자원을 포함하는 대상이라는 점에서 사전적 정의의 염수뿐 아니라, 연안을 포함하는 것으로 이해할 수 있다. 연안이란 연안관리법(법률 제11020호)에 의해 연안해역과 연안육역을 포함하는 공간으로 규정되어 있다.

공간환경은 건축기본법(법률 제8852호)에 의해 건축물이 이루는 공간구조·공공공간 및 경관이라 규정되어 있다. 또한 공공공간은 가로·공원·광장 등의 공간과 그 안에 부속되어 공중이 이용하는 시설물로 규정되었다.

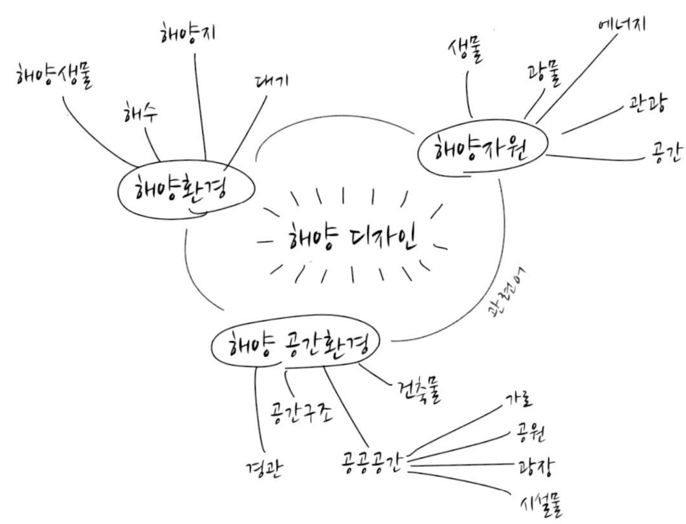

해양 공간환경이란?

사회적(Social), 생태적(Ecological), 경제적(Economical), 문화적(Cultural) 가치가 적용될 수 있는 해양·연안의 무형적 공간 범위와 유형을 아우르는 가치지향의 관점

인공환경 →〉 가치환경

각 단어의 함의를 고려해보았을 때 양질의 공간환경 조성을 위해서는 공간의 구획, 물리적 대상물의 구현과 더불어 공간에서 발생하는 인간의 행동양식까지 고려해야 한다고 볼 수 있다. 즉, 〈해양 공간환경〉이란 '해양과 연안이라는 공간적 범위 내에서 인간의 활동과 관련된 유무형적 환경요소를 통칭'하는 개념이며, 그것은 사회적, 생태적, 경제적, 문화적 가치를 고려하여 생성되어야 한다.

가치환경을 기준으로 해양 공간유형을 분류해 본다면...

둘째, 해양 공간환경 + 디자인 => 해양 디자인 이해하기

해양 공간환경의 개념 고찰을 통하여 해양 디자인이란 이러한 해양 공간환경에 현재의 기술과 자원을 활용하여 잠재적 가치를 실현, 활성화하는 과정이라 할 수 있을 것이다. 이는 곧 해양환경에 대한 책임 위에 해양의 '안전한 사용', '해양공간의 활성화'와 '해양문화 생성'과 같은 목적을 이루기 위한 것이다. 또한 해양 디자인을 체계적으로 집적화하는 해양 디자인 기술은 해양공간계획(MSP) 등에 의한 공간별·장소별 필요요소를 구현하여 해양 공간의 이용을 돕는 실질적 수단이 될 수 있다.

■ 안전한 해양
■ 사계절 활성화 된 해양
■ 창의적 문화가 있는 해양

해양의 물리적 대상에 대한 기능 중심의 기술연구에 친수 문화 형성을 목적으로 하는 디자인 기술을 접목하는 것은 해양공간의 불균형한 발전을 완화, 방지하는 정온적 균형가치 계획(Balancing Value Planning)이라 할 수 있으며, 이를 통해 해양공간의 환경보전과 사회적 평등 및 안정, 경제·문화적 활력 창출을 이룰 것이라 기대할 수 있다.

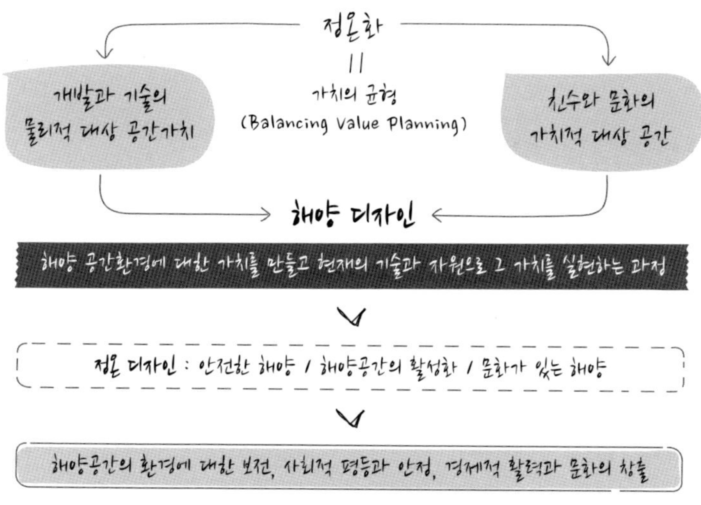

MSP : 정책적 과정을 통해 명시되는 생태적, 경제적, 사회적 목표를 달성하기 위하여 해양공간 내에서 일어나는 시공간적 인간 행태에 대한 분석과 분포의 공적인 과정(UNESCO IOC, 「Marine Spatial Planning：A Step—by—Step Approach toward Ecosystem—based Management」, IOC Manual and Guides No.53, 2009).

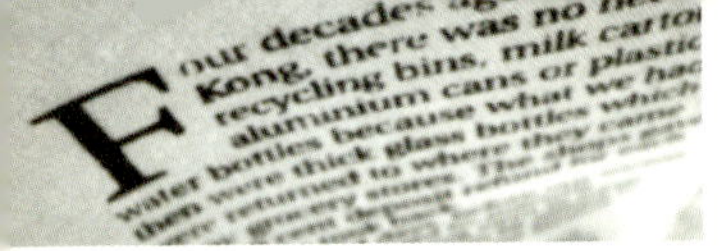

The first step in domestic

부산 대변항에 월드컵 기념 등대 설치

[연합뉴스] 2002.07.09. 한·일 월드컵의 성공적인 개최와 4강 진출을 기념하기 위한 등대가 부산에 세워진다.

부산해양수산청은 9일 부산시 기장군 대변항에 월드컵 기념 등대 건립공사를 시작했다. 1억 원을 들여 오는 10월 초 완공예정인 기념등대는 등탑의 중간부분에 한·일 월드컵 공인구인 피버노바를 지름 5m 크기로 형상화해 설치하고 본선진출 32개국 명단과 우리나라의 성적을 새겨 오랜 세월에 걸쳐 이 등대를 찾는 관광객들이 월드컵 당시의 감동을 회상할 수 있도록 만들어진다.

기념등대가 세워질 대변항은 전국적으로 유명한 기장멸치와 미역의 주산지로 많은 관광객이 찾는 곳이어서 기념등대가 어촌관광을 활성화하는 새로운 명물이 될 것으로 부산해양청은 기대하고 있다. -이영희 기자

국내 최초 바다에 떠 있는 방파제

[연합뉴스] 2007.03.08. 양식어장이 밀집해 있고 바다목장화 사업이 진행 중인 경남 통영 앞바다에 국내 최초로 물에 떠 있는 방파제인 부소파제가 모습을 드러냈다.

일본에서는 해상 양식장 주변을 중심으로 부소파제가 시공된 곳이 많으나 국내에서는 이번 통영 해안 설치가 처음으로 2004년 타당성 용역조사 이후 만 3년만인 지난달 완공돼 7일 공개됐다.

부소파제가 설치된 곳은 통영시 산양읍 연화리 소장두도~유도 사이의 가까운 바다로 주변 약 2천㏊에 걸쳐 해상 가두리 양식장과 바다목장이 밀집해 큰 파도가 닥칠 경우, 어장에 광범위한 피해가 예상되는 해역이다.

강재로 만들어진 이 시설물은 총 길이만 200m로 1기당 길이 50m, 폭 15m, 높이 4m, 순수무게가 450t이 넘는 길고 평평한 쇳덩어리 4개가 연결된 것이다. 속이 비어 있어 부력을 이용해 물에 떠 있을 수 있다. 높이 4m

중 2.5m는 수면 아래로 잠기도록 설계됐으며 굵기가 9㎝나 되는 강철앵커가 수심 30~40m의 바다 밑 콘크리트 구조물과 연결돼 파도 상태나 방향에 따라 유연성 있게 움직일 수 있다.

국비와 지방비 80억 원을 들여 완공된 이 시설은 2003년 불어닥친 태풍 매미가 몰고 왔던 높이 5.7m의 파도에도 견딜 수 있도록 설계됐다. 기존 방파제가 바다 밑바닥에 석축을 쌓아 건립하기 때문에 공사 기간과 사업비가 많이 들고 해수의 흐름을 차단하는 단점이 있으나 부소파제는 사업비와 바닷물의 유통이 자유롭다는 것이 장점이다.

허동수 경상대 해양과학대 토목공학과 교수는 "물위에 떠 있다 보니까 바닷물이 자유롭게 소통할 수 있어 해상 가두리 양식장시설에 환경적으로 유리하다"고 밝혔다.

이 소파제는 올해 마산시 구산면 원전항 인근에도 시공될 예정이다. -이정훈 기자

부산시, 수변 관광테마공원 조성 사업 착착

[한국조경신문] 2009.03.12. 부산시는 송도해수욕장 일원이 1단계 연안정비에 이어 지난해 인공폭포 설치를 비롯해 기존 방파제를 활용한 수상택시계류장, 송림공원 내 송림정자, 거북섬 정비 바닥분수대 설치 등을 완료하여 관광테마 공간으로 거듭나고 있다고 밝혔다. 올해에도 36억 원의 사업비를 투입하여 송림공원 조성, 벽천 및 분수대 설치, 진입광장 조성 등을 실시할 예정이다.

또한, 송도의 옛 추억물인 구름다리, 다이빙대, 케이블카 등 복원을 추진하기로 하고 올해 타당성 검토 및 기본계획을 수립하고, 내년부터 2019년까지 추진되는 2단계 연안정비 사업으로 추진해 나간다는 계획이다.

360억 원을 투입한 1단계 연안정비사업을 통해 새롭게 변모된 송도해수욕장 주변에 볼거리 및 휴식공간을 제공하기 위해 부산시가 68억여 원의 예산을 들여 지난 2005년부터 추진 중인 송도해수욕장 일원 관광테마 공간을 조성해 오고 있다.

한편, 해운대 운촌항 일원에도 각종 관광 인프라와 특화되고 차별화된 크루즈 관광기지가 조성된다. 부산시는 올해부터 2013까지 82억 원의 사업비를 투입하여 항내 크루즈 기지(포트카멜리아)를 조성하기로 했으며, 중앙동 수미르공원 내 팔각정과 테즈락 건물을 철거하여 바다 조망권 확보와 관광객과 시민들이 자유롭게 이용할 수 있는 휴식공간으로 조성할 계획이다. -장현숙 기자

완도항 보행자 도로 경관개선 사업 추진

[연합뉴스] 2009.03.25. 완도군에서는 완도항을 이용하는 사람들의 안전과 항만기능 향상은 물론 쾌적한 생활공간을 조성하기 위해 수준 높은 공공시설 디자인을 도입한 경관관리 환경정비사업을 추진한다.

완도항 보행자도로는 수많은 사람들의 이동공간이며 관광객들이 많이 찾는 도시의 중심지임에도 일부 주민들이 생선건조대와 각종 어구를 무단 방치하여 보행을 방해하고 오물과 악취로 인해 완도항의 이미지를 실추시키고 있어 이를 개선하기 위한 환경정비 및 경관개선 사업을 대대적으로 추진할 계획이다.

완도군에 따르면 목포지방해양항만청과 협조하여 안전난간 교체사업을 실시하고 약 3백 미터의 보행자도로는 군비를 투입하여 색채디자인을 도입한 컬러 무늬 콘크리트로 포장하는 등 실용과 미관, 지역 정서가 살아 있는 경관형성사업 추진으로 주민 정주의식 고취와 관광객 유치 활성화에 기여한다는 방침이다.

또한 가리포 낚시점 앞 넓은 공간에는 막구조물을 설치하고 보행자도로의 곳곳에 조형미와 공간미가 접목된 벤치를 설치하여 지역주민과 관광객들의 휴식공간으로 조성할 계획이다.

이에 따라 원활한 사업 추진과 가시적인 경관관리를 위해 1부두에 설치되어 있는 전봇대 1주와 해경 홍보판을 3월중에 이설하기로 협의 완료하였고 자진 정비하지 않은 개인 소유 적치물에 대해서는 3월 27일부터 강제 철

거하는 등 강력한 행정조치를 실시할 것으로 전해졌다.

한편 주도(珠島)와 완도항의 조망을 가리면서 어민회 사무실로 사용하고 있던 컨테이너 2동은 지난 1월 24일 어민회에서 자진 철거하는 모범을 보임으로써 지역주민들로부터 호평을 받는 등 아름다운 완도항 경관관리를 위해 모든 군민이 적극적으로 동참하고 있다고 밝혔다. 완도군 관계자에 따르면 4월 초에 사업이 완료되면 완도항은 한층 더 품격 있는 해안 경관을 갖추게 되어 지역주민의 자긍심 고취는 물론 오는 4월 18일부터 열리는 세계건강걷기대회를 시작으로 완도를 찾는 관광객들에게 완도의 이미지를 새롭게 각인시킬 수 있는 사업이 될 것이라고 말했다. -완도군청

강릉시 정동항 해양 테마파크 조성

[연합뉴스] 2009.04.06. 해돋이 명소인 강원 강릉시 정동진의 항구에 요트 정박장과 클럽하우스, 비치발리볼장 등 해양 테마파크 시설이 들어선다.

최명희 강릉시장은 6일 시청에서 '정동항 어촌관광구역 민자유치' 사업자로 선정된 ㈜승화 썬크루즈의 박기열 대표와 양해각서(MOU)를 체결했다. ㈜승화 썬크루즈는 정동항에 80억 원을 들여 요트 정박장과 클럽하우스, 마리나 산책로, 비치발리볼장, 모래조각 및 오징어 맨손잡기 체험장 등 해양 테마파크 시설을 2010년 12월까지 설치, 정동진을 동해안의 새로운 해양문화 및 레포츠 중심의 테마공간으로 조성할 계획이다.

시는 기존의 썬크루즈 호텔을 비롯해 콘도미니엄, 골프장과 정동항 어촌관광구역이 조화를 이루면 동해안의 대표적 해양관광지로 부각될 것으로 기대하고 있다. 강릉시 관계자는 "정동진을 동해안 지역의 랜드마크로 조성하게 되면 외지 관광객이 대량으로 유입될 수 있어 지역 상권이 살아나는 시너지 효과를 기대할 수 있을 것"이라고 말했다. ㈜승화 썬크루즈 관계자는 "지역경제 활성화와 고용창출을 위해 지역업체 참여 확대와 현지 주민 우선 고용에 최선을 다하겠다"라며 "정동진을 차별화된 관광휴양지로 부각시켜 많은 관광객을 끌어들일 수 있도록 하겠다"라고 말했다.

한편 해당지역 주민들은 해양 테마파크 조성과 관련, 주민 의견이 수렴되지 않는데다 민간사업자에 의해 정동항이 개발될 경우 일출조망권 차단, 항구의 진출입 불편, 생존권 침해 등이 우려된다며 최근 강릉시에 진정서를 제출하는 등 반발하고 있다. -유형재 기자

양양군, 남애항 해안 경관조성 사업 추진

[강원타임즈] 2010.08.01. 양양군이 동해의 3대 미항 중 하나로 영화 고래사냥의 촬영지로 알려진 남애항의 경관자원을 효율적으로 보전·활용하기 위해 경관조성사업을 추진한다. 이를 위해 양양군은 7월 26일 국토해양부에 남애항 일원을 해안마을 경관형성 시범사업 대상지로 사업신청서를 제출했다.

양양군은 남해항 일원이 해안마을 경관형성 시범사업으로 선정되면 방파제 풍력발전기 설치, 선착장 주변지역 공원화사업과 어판장 리모델링, 야경 조명 등을 시설해 남애항의 경관을 획기적으로 개선할 계획이다. 또 노후·불량건축물은 철거하고 지역별 건축 가이드라인을 수립해 해안형 주거환경 개선사업을 추진하는 한편 봉수대 기능과 풍어제 등 역사적 가치를 재조명해 어촌체험의 관광자원으로 활용한다는 방침이다.

동서남해안발전특별법에 의해 추진하는 해안마을 경관형성 시범사업은 해안지역 특유의 역사, 문화, 경관을 가지고 있는 해안마을을 대상으로 수변 및 건축물 등에 대한 경관보전, 디자인 개선 및 친수공간 정비 등 자연과 생활문화 공간을 조성해 관광자원으로 활용할 수 있도록 하는 사업이다.

이에 따라 국토해양부는 이달 중 사업신청서를 제출한 지역을 대상으로 사업계획의 타당성, 지역주민의 추진의지, 발전 가능성 등에 대한 현지실사를 통해 평가를 하고 선정위원회에서 대상마을을 확정할 계획이다. 특히 사업대상 지역은 올해부터 2013년까지 4년간 국비 25억 원, 지방비 25억 원 등 총 사업비 50억 원을 연차적으로 지원한다.

양양군 해양수산과 관계자는 "남애항 일원이 이번 사업대상지로 선정돼 동해안 최고의 미항으로 거듭날 수 있도록 평가준비에 최선을 다하겠다"고 밝혔다. -김장회 기자

울산 울주 해안길 명칭 '간절곶 소망길'로 확정

[뉴시스] 2011.06.24. 울산 울주군 해안길 명칭이 '간절곶 소망길'로 확정됐다. 24일 울주군에 따르면 서생면 진하리 명선교부터 신암마을까지 총10km 구간에 걸쳐 진행 중인 해안디자인 개선사업과 간절곶 소망-·그린길 조성사업의 통합된 길 명칭을 '간절곶 소망길'로 확정했다.

이번에 확정된 '간절곶 소망길'은 우리나라의 새해를 여는 간절곶의 명칭과 해맞이를 통해 한해의 소망을 기원하는 사람들의 바람 두가지 의미를 포함하고 있다. '간절곶 소망길'은 서생면 명선교에서 신암항 전까지 10km 구간으로 현재 명선교에서 진하해수욕장 백사장 구간은 데크 설치를 완료한데 이어 12월까지 간절곶 공원까지 잔여구간이 개설될 예정이다. 간절곶에서 신암까지는 사업비 10억 원(국비 5억, 시비2.5억, 군비 2.5억)으로 실시설계 중이며 내년 6월 준공할 계획이다.

간절곶 소망길이 완공되면 진하에서 신암까지 4시간 정도를 해안절경을 배경으로 걸으며 즐길 수 있는 국내 유일의 도보관광지로 울주군의 관광명소로 자리잡을 것으로 예상한다. 한편 울주군은 지난 달 16일부터 같은 달 27일까지 울주군 전 공무원과 서생주민을 대상으로 명칭을 공모, 총 91건을 접수해 지난 23일 자체심의를 통해 '간절곶 소망길'로 최종 확정했다. -장지승 기자

The first step in domestic

울산 동구, 주전항 방파제 경관 개선사업 마무리

[뉴스1] 2012.08.02. 울산 동구 주전마을 한 가운데 위치한 주전항 북방파제가 동해안의 이색 명소로 새롭게 태어났다.

울산 동구청이 주전마을 경관개선사업의 하나로 추진해 온 주전항 방파제 경관개선사업을 최근 마무리함에 따라 높이 5m, 총 길이 179m 규모의 주전항 북방파제가 주전마을을 상징하는 경관 명소로 탈바꿈한 것. 동구청은 그 동안 주전마을 경관개선사업을 통해 주전항 북방파제 벽면에 돌미역과 전복, 해녀 등의 벽화를 설치했다. 또 방파제 벽면 가운데 100여m 구간에는 주전 해녀들이 바다 속에서 해산물을 채취하는 모습을 도자타일과 크래쉬 타일을 활용해 몽환적인 분위기로 연출했다.

방파제 끝부분에는 길이 15m, 높이 5m 크기로 미역을 형상화한 CI와 '주전마을' 워드마크를 벽면에 부착해 지나가는 관광객들도 이곳이 주전마을임을 한눈에 알 수 있도록 했다. 아울러 기존에 설치된 붉은색 탑 모양의 등대와 어울리도록 등대 아래 테트라포드 일부에 빨강, 파랑, 노랑, 초록 형광 페인트로 도색해 이색적인 경관을 연출했다.

동구청 관계자는 "가장 눈길을 끄는 것은 5m 높이의 해녀반신상으로 바다 속에서 해산물을 막 채취하고 나온듯한 생생한 모습을 고강도 경량 콘크리트 부조로 형상화했다"며 "그 옆에는 주민들이 돌미역을 말리는 모습과 주전마을 앞바다의 바위를 부조로 만들었으며 바다 속 풍경을 이미지화한 벤치형 포토 존도 설치했다"고 밝혔다.

한편, 동구청은 2011년 주전마을경관개선사업 가운데 하나인 주전항 방파제 경관개선사업을 추진, 지난해 12월부터 이달 초까지 주전항 북방파제 벽면 디자인 및 주전항 남방파제 컬러 콘크리트 포장과 펜스 설치 등의 사업을 진행했다. 주전항 북방파제 벽면 디자인 사업에는 총 5억 5000여만 원의 예산이 투입됐다. ―이상길 기자

그곳에 가고 싶다―창원 해양공원

[경남신문] 2012.08.02. 바다는 영원한 미지의 세상이다. 잘 모르는 만큼, 조금이라도 가까이 다가가고 싶은 영역이다. 바다에 대한 호기심은 어린이들은 물론 성인이라고 예외는 아니다. 대부분의 관람시설은 어린이 위주로 구성돼 부모들은 지루하기 십상. 하지만 창원해양공원은 어린이와 어른 모두를 만족시키는 전시·체험공간으로 꾸며졌다. 때문에 여름휴가철을 맞아 가족 나들이로 적당한 곳이다.

창원 해양공원은 창원시 진해구 명동 음지도에 조성돼 있다. 지난 2005년 3월 개관했는데, 당시는 다리가 없어 배를 타고 들어가야 했다. 그해 10월 명동과 음지도를 잇는 음지교가 가설돼 방문객이 몰리기 시작했다. 이곳은 해전사체험관, 군함전시관, 해양생물 테마파크 3개 관으로 구성됐다. 또 오는 10월에는 해양 솔라타워가 완공된다.

▲ 해전사 체험관 : 체험관에 들어서면 연대별 주요 해전을 일목요연하게 정리해뒀다. 기원전부터 지난 2002년 서해교전까지 동·서양의 주요 해전을 시대별로 볼 수 있다. 또 노선에서 항공모함까지 전함의 변천사도 알 수 있다. 현자총통·별황자총통·천자총통 등 옛 우리나라 수군의 주요 무기 모형도가 전시됐다. 입체영상실에서는 이순신 장군의 한산대첩, 영국 넬슨 제독 트라팔가 해전을 3D 애니메이션으로 제작한 영상이 8분간 방영된다.

해전 체험 시뮬레이터는 어린이들이 가장 좋아하는 곳이다. 데크에 오르면 함선에 탄 것처럼 진동이 전해져 실감을 더한다. 스크린에는 모두 10척의 적함이 나타나는데, 직접 조타 키를 조작하고 함포를 발사해 침몰시키는 게임이다.

잠수함 이야기에서는 잠수함의 잠수 원리가 설명돼 있고, 잠수경도 설치돼 있어 직접 조작해 볼 수 있다. 또 음향탐지체계에서는 소나와 잠수함 엔진소리 등 잠수함에서 나는 소리를 헤드폰을 통해 들을 수 있다.

이 밖에 해군신호체계 체험과 항공모함에서 전투기가 이륙하는 장면을 볼 수 있고, 모형배 전시실에는 타이타닉호와 서양 함선, 범선 등 10여 척이 전시돼 있다.

▲ 군함전시관 : 실제 군함을 그대로 이용했다. 이곳에 설치된 군함은 강원함으로, 1944년 미국에서 건조됐다. 한국전쟁에 참전했고 해군에서 사용하다 2000년 퇴역했다. 2,500t급으로 전장이 119.02m, 전폭 12.56m, 마스터 높이 33.9m다. 옛 진해시가 해군으로부터 무상으로 받았다. 군함은 대부분 격벽식이라 관람객 이동 편의를 위해 일부분을 개조했다.

군함을 그대로 이용한 만큼 해군 생활공간, 함포 등 무기체계, 기계실 등 전함의 모든 것을 구경할 수 있다. 전시실은 하갑판과 주갑판, 상갑판, 최상갑판 등 4개 층으로 구성됐고, 관람객이 통로를 따라 이동하면 자동으로 용도를 설명하는 음성센서가 작동한다.

하갑판에는 기관실·사병식당·갑판부 침실, 주갑판에는 5인치 포·사병취사장·보급행정실·의무실, 상갑판에는 미사일발사대·40mm 함포·레이더실·함장실, 최상갑판에는 전투정보실·상부음탐실·함장대기실·함교 등이 있다. 특히 주갑판에는 가상해전체험실이 있어 화면을 통해 해전을 경험하도록 했고, 인터넷 시설도 갖춰 궁금증을 즉석에서 풀 수 있도록 했다. 또 사병들의 주요 생활공간에는 모형 마네킹을 배치해 이해를 돕고 있고, 40mm 함포의 버튼을 누르면 발사 효과음이 나와 실감을 더해준다.

▲ 해양생물 테마파크 : 신비한 해양생물을 만날 수 있는 곳으로, 유영생물전시실, 저서생물전시실, 체험실, 판매시설 등을 갖췄다.

1층 유영생물 전시관에는 물고기 120여 점과 상어박제 등이 바닷속 환경을 연출한 벽면에 전시돼 있다. 표본이나 특수 제작된 모형으로, 생동감이 없는 게 아쉽지만 물고기를 이해하는 데는 부족함이 없다.

저서생물 전시실에는 130여 점이 선을 보이고 있는데, 절지동물과 피낭동물, 연체동물, 극피동물 등 다양한 종류가 관람객을 맞고 있다.

열대수족관도 볼거리인데, 이곳에는 열대어 50여 종이 유유자적 노닐고 있다. 도그피시, 흰동가리, 코랑엔절 나비고기 등을 만날 수 있다. 물고기와 더욱 가까이할 수 있는 체험실도 마련됐는데, 돌고래 소리를 들을 수 있는 부스도 있다. 특별전시로 표범·악어·바다거북·

물개 박제관이 있고, 옥·규화목·수정 등 보석광물 20여 점도 빛나고 있다. 진주와 자수정을 재료로 한 기념품도 판매 중이다.

창원해양공원은 전시시설 이외도 볼거리가 많다. 육지와 연결된 음지교는 뛰어난 조형미를 자랑하고, 최근에 완공된 우도 보도교는 바다 위를 걸어 다른 섬으로 가는 즐거움을 준다. 또 10월께 솔라타워가 완공되면 새로운 명물로 탄생한다. 타워는 높이 136m로 120m 높이 전망대, 국제회의장, 하루 600kW 전력 생산이 가능한 태양광 발전시설 등을 갖추고 있다. 이곳 주변은 한창 공원 조성 중으로 바다를 조망하며 산책도 가능하다. 해양공원은 연중 무휴로 오전 9시부터 개장한다. ─이문재 기자

기차소리길 숨은 이야기 시인이 들려준다

[뉴시스] 2012.10.15. 부산의 대표적인 걷기 코스를 함께하며 걸쭉한 입담으로 부산의 숨은 이야기를 들려주는 스토리텔러 '이야기 할배·할매'가 인기를 끌고 있는 가운데 부산의 대표 시인인 동길산 씨가 이야기 할배로 참가해 이야기 보따리를 푼다.

부산관광컨벤션뷰로는 오는 20일 오전 9시 누리마루 APEC 하우스 옆 동백섬 등대에서 동길산 시인이 시민, 관광객 등과 함께 '기차소리길'(동백섬~미포~문텐로드~해월정) 체험에 나선다고 15일 밝혔다.

동 시인은 '뻐꾸기 트럭' 등 5권의 시집과 '길에게 묻다' 산문집을 냈고 부산시인협회 사무국장, 부산작가협의회 부회장 등을 역임했다. 그는 부산시와 뷰로가 추진한 3개 걷기코스의 개발에 참여했을 뿐 아니라 스토리텔러 '이야기 할배·할매'의 교육을 맡기도 했다. 이날 시인은 참가자들과 길동무를 하며 옛날 이야기를 하듯이 편안한 분위기에서 기차소리길에 숨은 이야기를 들려줄 예정이다.

부산시와 뷰로는 기차소리길(동백섬~미포~문텐로드~해월정)과 등대길(해동용궁사~동암마을~오랑대~젖병등대~대변항), 포구길(일광학리마을~기장조선소~삼성대~오영수 문학비~이천마을) 등 해운대와 기장지역의 3개 걷기코스에 이야기 할배·할매를 파견 중이다.

이야기 할배·할매는 2명이 1조로 매주 토요일 오전 9시 누리마루 APEC 하우스 옆 동백섬 등대(기차소리길)과 해동 용궁사 입구(기장등대길), 학리 포구 옆 정자(기장포구길)에서 대기해 있다가 시민들과 관광객들이 오면 같이 다니면서 말동무를 해준다. 참가비는 무료다.

이야기 할배·할매는 관광객을 인솔하는 여행가이드나 전문적인 역사적 사실을 설명해 주는 문화해설사와는 달리 정해진 코스를 함께 걸으면서 그 지역에 대한 숨겨진 이야기나 잘 알려지지 않은 사실을 얘기해 주고, 또 시민과 관광객의 얘기도 들어주는 길동무 역할을 한다.

이 프로그램은 2009년부터 뷰로가 진행한 '남해안 관광활성화 사업 스토리텔러 인력양성' 사업의 하나로 마련됐다. 지난 5월 할배·할매 스토리텔러를 모집한다고 공고를 띄우자 35명이 지원할 정도로 반응이 뜨거웠다. 전직 공무원과 교수에서부터 주부, 외국어 능통자, 외국인 등 재능이 넘치고 재기발랄한 할배·할매들이 모였다. 선발 인원들은 일반교육 5주, 심화교육 코스별 1주 등 모두 10차례에 걸쳐 집중 교육을 받고 3개 걷기코스에 투입되고 있다. ─하경민 기자

제주 한 바퀴 걷는 여행길 완성

[한국일보] 2012.11.25. 제주 해안과 숲길의 비경을 배경 삼아 제주도를 한 바퀴 도는 올레길이 완성됐다. 2007년 9월 올레길 1코스가 문을 연 이후 5년 2개월 만에 이뤄진 것이다.

제주 올레길의 총 구간은 정규코스 21개와 섬 및 중산간 비정규 코스 5개 등 모두 26개 코스로 전체 거리는 422km에 이르게 됐다.

사단법인 제주올레는 지난 24일 올레길 마지막 코스인 21코스 개장식을 가졌다. 마지막 21코스 개장으로 올레길이 하나로 이어져 걸어서 제주를 한 바퀴 돌 수 있게 됐다.

21코스는 20코스 종착점인 제주시 구좌읍 하도리 해녀박물관에서 시작해 종달리 해변까지 이르는 총 연장 10.7km 구간이다. 도보로 3~4시간이 걸린다.

이곳에서는 조선시대 왜구의 침입을 막기 위해 돌로 쌓은 별방진 성곽과 옛 봉화대가 있었다는 연기동산에 오르면 탁 트인 바다의 전망을 감상할 수 있다. 구좌 해안도로를 따라 걸으며 '영등할망(할머니)'에게 제를 올렸던 '각시당'과 토끼섬 부근의 해안 풍광을 감상하면 아담한 백사장의 하도해수욕장과 만나게 된다.

이어 하도리 철새도래지와 제주의 땅끝이라는 뜻을 가진 지미봉을 지나면 제주올레의 시작인 1코스 시흥초등학교와 말미오름이 눈에 들어온다. 이 코스는 해안 절경과 함께 용눈이오름과 다랑쉬오름 등 제주 특유의 화산체인 '오름' 군락도 감상할 수 있다. 제주목사가 부임해 제주도 순시를 마치는 마지막 고을이었다는 종달은 올레코스의 마지막이다.

제주올레의 역사는 서명숙 제주올레 이사장이 2006년 스페인 산티아고 순례길을 다녀온 뒤 고향인 제주에 도보여행길을 개척하겠다고 다짐하면서 시작됐다. 올레는 큰 길에서 집으로 이어지는 좁은 골목길을 뜻하는 제주방언이었으나 지금은 도보여행을 이르는 단어가 됐다.

제주올레는 소비지향적이고 단순 관람형 여행에서 자연과 어우러지는 생태체험으로 제주 관광의 흐름을 바꿨다. 관광객 유치 기여는 물론 지역경제에도 새로운 활기를 불어넣었다. 2007년 3,000명을 시작으로 2010년에는 78만 7000명, 지난해 109만 명, 올해는 6월까지 60만 명이 다녀갔다. 올레 코스마다 게스트하우스가 속속 들어섰고 식당, 카페 등이 새로 문을 열었다.

올레길은 걷기 열풍이 맞물리면서 전국에 유사한 길이 속속 개척되는 효과도 낳았다. 현재 전국에는 500개가 넘는 트레일이 생겼다. '올레' 브랜드는 해외로도 진출했다. 올해 2월 일본 4대 섬 가운데 가장 남쪽에 있는 규슈의 사가현 오이타현 구마모토현 가고시마현에 각 1개, 모두 4개 올레 코스를 개장하는 등 일본에 수출했다. 스위스, 영국, 캐나다와는 우정의 길을 맺는 등 국내를 넘어 세계적인 도보 여행길로 자리잡아 가고 있다. ─정재환 기자

Marine Design Example

네덜란드 로테르담 항구(Port of Rotterdam)에서는 과거 물류 적재에 사용되었던 산업 구조물인 기중기에 조명 장치를 더해 항구의 특성을 보여주는 상징조형물로 활용하는 모습을 볼 수 있다.

덴마크 코펜하겐의 카스트럽(Kastrup)에 위치한 Sea Bath는 안전한 해수욕을 즐길 수 있도록 조성한 부유식 목재 구조물이다. 5m 높이의 다이빙대뿐 아니라 탈의실, 샤워실을 갖추고 있으며 겨울철에는 산책로로 이용된다.

일본 요코하마의 오산바시 피어는 1880년대 후반에 조성된 오래된 잔교다. 2002년 리모델링을 통하여 2000㎡의 홀과 나무데크로 이루어진 옥상정원을 갖춘 국제여객터미널로 재탄생했다. 지표면의 주름은 전망공간, 통로가 되고 있다.

스웨덴 말뫼(Malmo)는 조선업 쇠락 이후 세계적 친환경 도시로 탈바꿈하였다. 풍력발전과 태양열. 지열을 이용하여 도시 내 에너지를 충당하고 있으며 주택단지와 해안선 사이에 조성된 해안 광장은 휴식공간을 제공한다.

Marine Design Needs

한 실정이다. 안전한 공간 조성을 기본으로 사계절 공간 활용을 위한 문화 콘텐츠 개발과 주변 거점과의
네트워크, 인프라 확충 등이 한국형 그리고 지역형 해양문화 창출을 위한 토대가 될 것이다.

바다에게 묻다

현재 국내 해양공간의 문제점은 무엇일까? 해양 디자인의 우선 과제는? 국내 해양활동은 해수욕장, 바
다 낚시 등 소수 기능에 집중되어 있음에도 불구하고 이러한 장소에 대한 기본적인 안전설계조차 미흡
한 실정이다. 안전한 공간 조성을 기본으로 사계절 공간 활용을 위한 문화 콘텐츠 개발과 주변 거점과의
네트워크, 인프라 확충 등이 한국형 그리고 지역형 해양문화 창출을 위한 토대가 될 것이다.

Marine Design Needs

바다에게 묻다

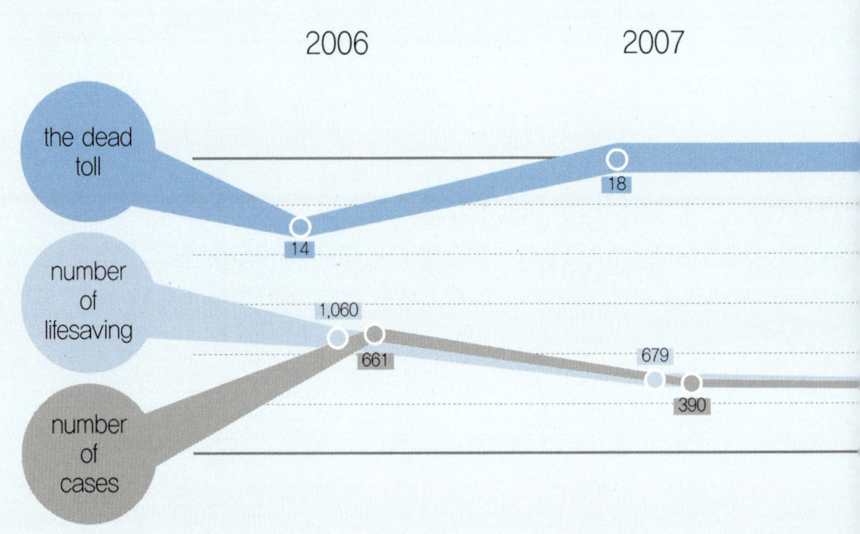

**해양 공간환경,
무엇이 문제일까?**

국내 해양활동 인구의 증가에 도 불구하고 해양 레저가 이루어지는 공간의 안전 환경설계 미흡으로 해수욕장을 포함한 연안, 해상 사고가 끊이질 않고 있다. 해수욕장에서의 물놀이 사고인 수는 2010년 2,464명에 달하며 이는 전년도 대비 648명(약 73%)이 증가한 수치라 한다. 다만 사망자 수는 7

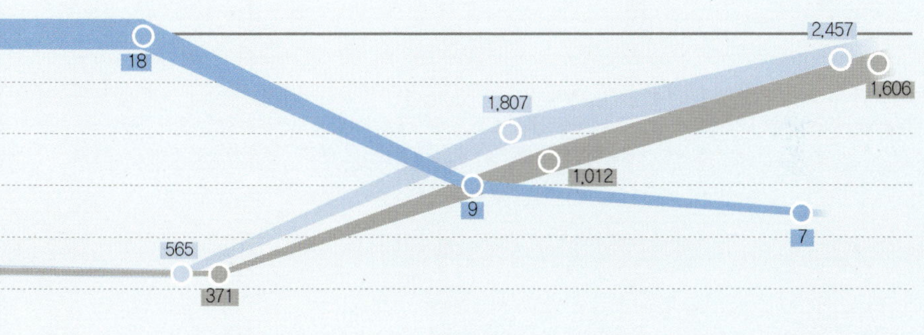

명으로 전년도 대비 22%가 감소되었다. 해상에서의 <u>선박 충돌</u>이나 침몰, <u>좌초</u>, <u>표류</u> 등과 같은 사고의 발생은 2010년에 1,627척, 인명 9,997명에 이르며 이는 2009년과 비교하여 294척 1,040명이 감소한 수치이나 2007년부터 2009년까지는 사고 건수가 지속적으로 증가한 바 있다. 또한 외곽 및 계류시설에서의 <u>보호장치 없는 낚시 활동</u>으로 2005~2009년 사이 너울성 파도로 인해 방파제 낙하 사망자 수가 총 20명에 이른다. 방파제를 포함하여

김석균 외, 「2011 해양경찰백서」, 해양경찰청, 2011.

국토해양부 공식 블로그 국토지킴이 | blog.daum.net/mltm2008
한국해양수산개발원, 「해양기반 신국부 창출 전략」, 2009.

대비 가능한 해양 안전 사고의 지속적 발생

낚시 어선, 갯바위 등지에서 발생한 바다낚시 사고는 2009년 이용객 201만 명 중 사망 2명, 2010년 이용객 185만 명 중 사망 1명이라는 결과를 보여주고 있다.

그러나 해양 스포츠, 여가활동에 대한 욕구가 늘어나는 상황에서 이러한 장소에서의 무조건적인 활동 규제는 실현성이 낮으며 공간자원을 가치있게 이용하는 방법이라 보기 어렵다. 활동을 규제하기보다 낙하사고를 예방하는 시설 또는 원활하고 편리한 활동을 도와주는 편의시설, 사고발생시 신속히 대처할 수 있는 환경설계를 통하여 위험구역에서 안전구역으로의 이동을 유도하는 것이 바람직한 방안이라 할 수 있을 것이다.

20

the death toll by breakwater falls in 2005〜2009

2

the death toll by Sea fishing accident in 2009

1

the death toll by Sea fishing accident in 2010

해수욕장에 집중된 해양 활동

국내의 해양활동은 해수욕장 이용에 집중되어 있다. 2006년 해양레저 수요조사에 의하면 낚시어선 이용, 어촌관광, 유람선 이용 등의 기타 활동에 비해 해수욕장 이용이 97.6% 이상을 차지했다. 자연히 여름 휴가철에 사람이 한꺼번에 몰리는 반면 가을, 겨울철에는 매우 한산하다.

그러나 국외의 다수 사례에서 친수항만과 연안 주거단지, 해양 테마파크, 쇼핑몰과 연안 공원 조성과 같은 다양한 기능의 공간 설계 및 시설 확충을 통하여 사계절 내내 방문객이 끊이지 않는 장소를 만들어낸 모습을 볼 수 있다. 이는 결과적으로 해당 지역에 경제적·사회적 긍정 효과를 가져온다.

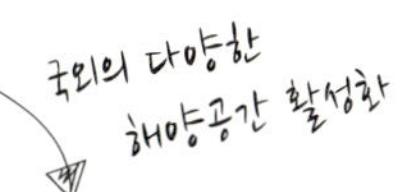

■ 미국 볼티모어 항구 재개발 사업
항구산업 쇠퇴로 슬럼화된 항구공간에 친수공간 조성. 수변로와 사무공간, 주거지역을 형성하여 공동화 방지. 시 연간 방문객 수의 75.6% 이상이 친수 공간인 하버플레이스 방문객. 소매상의 이익이 단일면적 당 가장 높은 것으로 언급됨

■ 일본 요코하마 시 미나토 미라이 21지구
토지를 매립하여 근대적 도시를 조성. 일하는 공간, 레저 쇼핑 공간, 거주 공간으로 구성. 지역 취업인구 5만 6000여 명 확보, 그외 지구 내 사업활동의 결과로 연간 약 1조 1200억 엔 이상 경제적 이득

■ 일본 규슈 나가사키 현 사세보 시 하우스텐보스
네덜란드와의 교류를 기억하기 위해 네덜란드 마을을 모방한 친환경적 테마파크 조성. 냉난방 에너지 60%를 자체 공급하며 2006년도 기준 214만 명의 입장객 방문

■ 일본 후쿠오카 시 도시 사인 정비
신도심 생성으로 인해 관심에서 멀어진 도시를 유니버시아드 대회를 계기로 국제 도시로 성장시키고자 알기 쉽고 친절한 거리, 매력적인 도로 경관 만들기 추진. 도시 사인 정비사업을 통하여 시민 3/4 이상이 긍정적 반응

■ 일본 기타큐슈 모지코 레트로 사업
대륙무역 감소로 입지를 상실한 항구도시에 대해 역사적 건조물 보존, 유람로와 전망대 정비 등 재생사업 추진. 사업 초기 관광객 1년 내 4배 이상 증가, 지속적 증가추세

korean.huistenbosch.co.jp
(주)휴앤즈, 「공공디자인 선진사례 연구답사 제6차 자료」, 한국디자인진흥원, 2008.

능동로 디자인 서울거리 사업

2009년 아산시 건축디자인 시범사업

공간환경의 쾌적함을 위한 땅에서의 디자인 시도

해양 디자인 기술을 통한 공간환경의 어메니티 향상과 공간 활성화는 거주조건을 개선할 뿐 아니라, 지역 사회에 활력을 증가시켜 주민 주체의 차별화된 해양문화 생성으로 이어질 수 있다.

바다에서보다 앞서 땅에서는 2008년 이래 건축기본법과 경관법을 근거로 하는 건축디자인 시범사업과 경관 계획을 활발히 진행 중에 있으며 이외에 지자체별 공공디자인 가이드라인 수립, 표준시설물 개발 등 공간환경의 개선을 위한 제도적 기반을 마련하고 디자인 사업을 시행하고 있다. 그 결과 정주환경 개선, 집객효과로 인한 지역 활성화 등 경제와 사회·문화적 부가가치가 동시에 향상되고 있는 것으로 보인다. 해양공간에서도 품격 있는 해양공간과 연안 지역 삶의 질 향상을 위한 해양 디자인이 도입되어야 하며 이의 실행력을 높이기 위해서는 제도적 기반 마련 또한 중요하다.

해양 디자인 기술은 왜 필요한 것인가?
그리고 현재의 문제는…?

1. 해양 관광, 레저 활동의 기회와 이용인구 증가

2. 해양 및 연안공간의 기능 다양화 · 복잡화, 사계절 공간 활용

3. 사회적 · 환경적 변화를 고려한 해양공간의 물리적 · 내용적 환경설계 필요

4. 그러나 안전하고 쾌적한 공간 설계 미흡으로 공간 활용도 낮으며, 각종 사고 발생

5. 국외사례에서 안전, 쾌적한 친수공간 조성을 통한 사회 · 경제 · 환경적 파급효과 입증

6. 육역에서 공공 공간환경 관련 디자인 사업을 추진하여 개선 효과 입증

해양 공간환경의 안전과 활용성 증가를 위한
통합적 · 선행적 해양 디자인 기술 개발이 필요

안전을 위한 규제, 방어 => 안전한 곳으로 유도, 안전 환경설계
한 가지 기능 공간 => 복합적 · 주체적 활동 공간
어디에나 있는 문화 => 지역의 차별화된 해양문화

체계적인 기술개발을 위한 제도화가 우선되어야 한다.

국내 법률 중 해양 생태계, 에너지, 관광·레저, 역사문화와 같은 해양자원에 대해 다루는 법은 40여 가지에 달한다. 그러나 이 중 해양 공간환경의 요소에 대한 디자인적 접근을 직접적으로 규정하는 법률은 존재하지 않는다. 그나마 동서남해안 특별법, 항만법, 마리나 항만법, 연안관리법, 경관법, 건축기본법 내 경관, 공간개발에 대한 항목에서 디자인과의 연관성을 일부 찾을 수 있다. 그러나 앞의 3개 법률의 경우, 적용 범위와 대상이 특정 지역이나 시설에 한정되어 있으며, 이외 3개 법률은 그와 반대로 규정대상이 지나치게 포괄적이어서 구체적인 지침을 제시하지 못한다는 한계가 있다. 다만 현재로서는 연안관리법을 모법으로 하여 관련 계획 및 사업에 디자인 사업을 포함, 이를 관리하기 위한 디자인심의회 조성 등의 내용을 조문에 추가하는 것이 적합한 대안이라 할 수 있을 것이다.

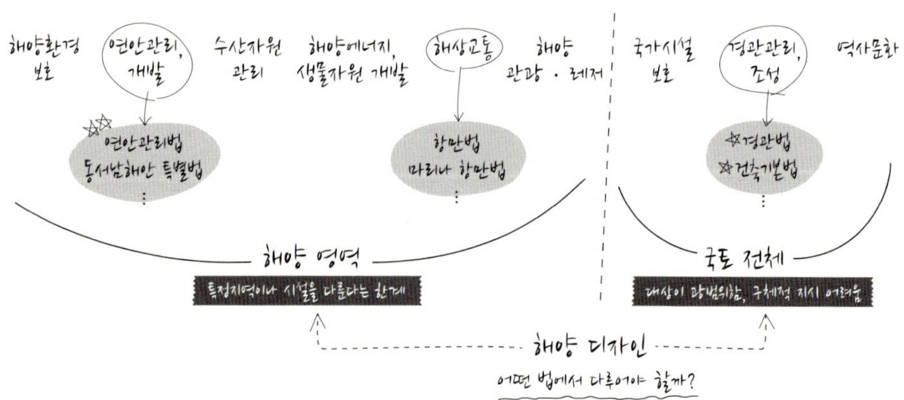

정규상 외, 「해양 공간의 가치 창출을 위한 해양디자인기술 개발 기획연구」, 국토해양부 한국해양과학기술진흥원, 2012.

후쿠오카 도시경관조례에 의한 라이트 업 경관사업

후쿠오카 도시경관조례에 의한 조각 있는 마을 가꾸기 사업

일본의 해안법 살펴보기

반면 일본의 경우, 해안법 상에서 비교적 경관 및 디자인과 관련된 세부사항을 지시하고 있다. 연안경관 관리의 근간이 되는 법률이 해안법이며, 해안법하의 해안보전기본방침의 항목 중 해안환경 정비 및 보전에 관한 기본사항, 공중에 의한 해안의 적정이용에 관한 기본사항 등에 친수 호안과 산책로 형성, 방호방식이나 베리어프리화와 같은 설계방향에 대해 설명하고 있는 것이다. 이 밖에 지자체별로 관련 계획이나 조례를 수립하여 디자인 정책을 적극적으로 실행하고 있다. 도쿄 도 임해경관기본축 경관계획, 나고야 시 도시경관기본계획, 후쿠오카 시 도시경관조례 등이 그러한 예다.

당장이 아니더라도 국내에서도 장기적으로 해양 디자인 기술 개발과 적용에 대해 통합적·구체적으로 규정할 수 있는 근거법, 예를 들면, 해양·연안 디자인 통합관리법과 같은 별도의 법률이 제정되어야 할 것이다.

온영태, 「연안경관 및 조망권 확보를 위한 제도개선 방안 연구」, 해양수산부, 2002.
(주)휴앤즈, 「공공디자인 선진사례 연구답사 제6차 자료」, 한국디자인진흥원, 2008.

해양 디자인의 방향은?

해양공간의 안전을 확보하는 디자인

해양공간의 활용성을 증가시키는 디자인

차별화된 해양문화를 생산하는 디자인

사후 수습 vs. 사전 대비

해양사고 발생 후의 수습은 인명피해와 경제적 손실을 감안한 대처법이다. 해양에서의 인간 행태나 환경적 변화를 고려한 환경설계 및 체계적 관리 · 운영 프로그램은 사전 대처방안으로서 경제적 · 사회적 손실을 최소화할 수 있다.

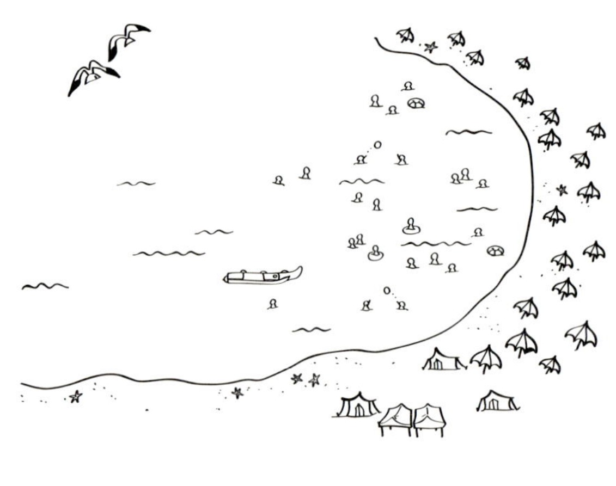

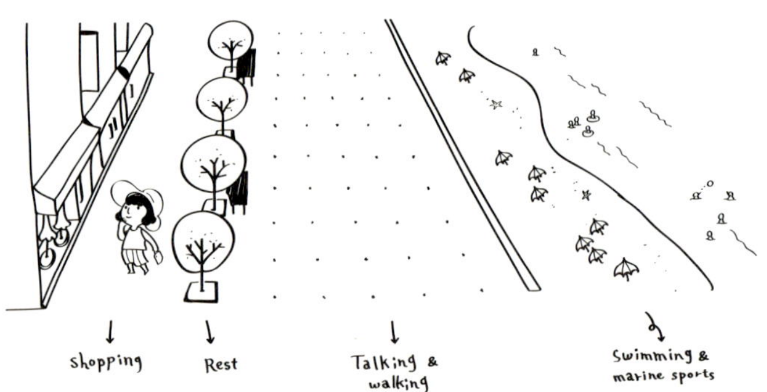

1 기능 단순화 vs. 다기능 복합화

해수욕장에 집중된 해양활동은 특정 계절에만 이용객이 몰리는 현상을 가져온다. 해수욕장 외에도 친수항만이나 연안 주거단지, 해양 테마파크와 쇼핑몰, 연안 공원 조성 및 이들의 복합적인 공간설계가 공간에 지속적인 활력을 가져올 것이다.

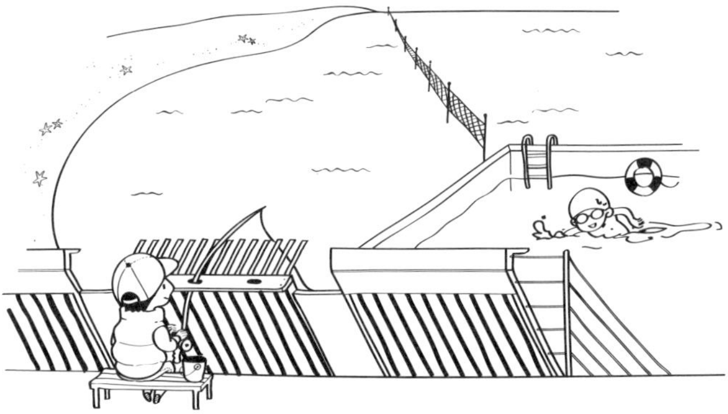

규제 vs. 유도

사고위험을 방지하기 위해 해상낚시, 수영과 같은 해양활동을 무조건 금지하고 접근을 막기보다 안전한 공간에 활동을 돕는 편의시설을 마련하여 이동을 유도하거나 사고발생을 최소화할 수 있는 환경설계를 하는 것이 효율적이다.

유사 테마 vs. 차별화된 해양문화

해양의 물리적 환경이 제공하는 풍경은 어느 정도 일정하다. 그러나 해안선 모양, 돌과 풀의 종류, 사는 사람이 다르듯이 공간 저마다의 이야기가 있다. 지역 역사가 담긴 흔적을 보존하는 것은 경쟁력 있는 미래의 문화자원을 확보하는 것이다.

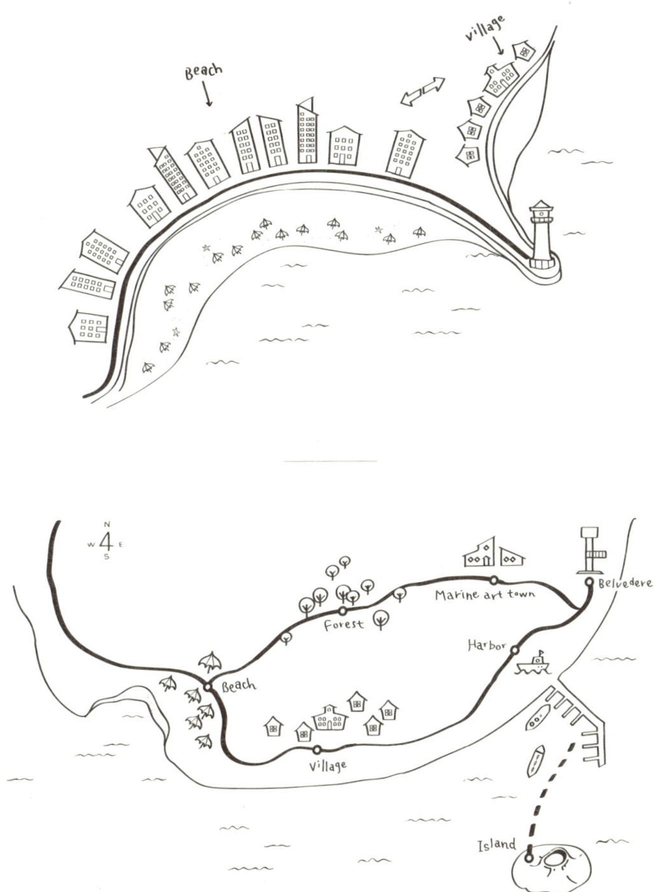

특정 공간 개발 vs. 주변과의 연계적 개발

해안의 특정 면적에 대한 집중적 · 단기적인 공간 디자인보다 주변 거점과의 문화 · 교통 네트워크를 고려한 디자인 개발이 해양 공간환경의 부가가치를 장기적으로 확대할 수 있는 방안이다.

Marine Design Needs

해수를 가두어 조성한 친수공간

산책로와 제방의 결합

해수면 높이변화에 대비, 안전하게 즐길 수 있는 공간

해수를 가두어 조성한 해변 수영장

해수면으로의 안전한 접근을 돕는 보조시설

산책로 주변의 제방

어린이 해수욕장 보호망 설치

Marine Design Needs

펜스 옆 간이 테이블 설치를 통해 안전구역에서 낚시활동 하도록 유도

누구나 통행하기 쉬운 접근로

해변공간을 아트 갤러리화

해안선을 따라가는 산책로 개발

항구 물류운송 시설의 랜드마크화

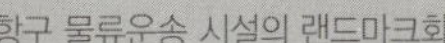

해수면으로의 안전한 접근과 전망이 가능한 공간설계

오션프론트 디자인 제안

Design Proposal for Oceanfront

Designs: SE(Spatial Environment Design Group)

해안공간의 활성화와 도시 이미지 제고를 위해 낙후되거나 비활성적인 오션프론트에 대한 리디자인이 필요하다. 한 예로 경기도 시흥에 위치한 오이도는 해안으로의 열린 조망과 오이도 패총, 빨간등대, 월곶포구와 갯골 생태공원 등 풍부한 관광자원을 지니고 있다. 그러나 이에 비해 인공적으로 조성된 건축경관과 편의시설은 방문객의 다양한 요구를 충족시키기에 수적 · 질적으로 부족하다.

쾌적한 관광 휴양지로의 역할 강화를 위해 몇 가지 오션프론트 디자인을 제안할 수 있다. 첫째로 바다의 물결과 하얀 포말을 상징하는 유기적 형태의 제방산책로는 통과 대신 머물면서 휴식하고 감상할 수 있는 환경을 제공한다. 이는 곧 빨간등대로 연결되어 계단형 데크를 형성, 갯벌로 안전하게 접근할 수 있도록 해준다.

제방 하부의 버려진 공간은 갤러리, 주차장, 화장실 등의 기능시설로 대체될 수 있다. 방문객뿐 아니라 거주민을 위한 생활환경 개선의 일환으로, 부식된 어구보관함과 수산물 판매시장 시설은 염해, 병충해에 저항이 강한 재질을 사용하고 컬러 계획 및 파도를 상징하는 구조 디자인 등으로 기능성과 심미성을 동시에 갖출 수 있다.

증민네

항구 특화거리 디자인 제안

Design Proposal for Specialized Street of Harbor

Designs: SE(Spatial Environment Design Group)

어민들의 실 생활무대인 소규모 어항은 정돈되지 않은 어구들과 분산된 건조시설, 노후된 선착장 구조물 등으로 깨끗하지 못한 인상을 전달하기 쉽다. 이러한 여건은 관광객은 차치하고서라도 어민들의 어업능률과 삶의 질 향상에 큰 방해요인이 된다.

해안가로에 브리지 또는 단차가 있는 데크 설계를 통해 방문객에게는 바다를 쉽게 조망, 접근할 수 있도록 하고 어민들에게는 하부 유휴공간을 수산물 저장소 혹은 건조시설로 활용할 수 있도록 제공할 수 있다. 교각 하부는 분수나 계류시설을 설치하여 어린이도 안전하게 수면으로 접근할 수 있도록 배려한다. 계단 및 브리지 등의 구조물은 편의와 실용성을 고려하여 피막 콘크리트, 개비온(gabion), 합성목재와 같이 염풍해에 내구성 있는 재료로 설계해야 한다.

이와 같은 디자인의 핵심목표는 무엇보다 지역민과 지역자원에 대한 존중, 보존을 기반으로 하는 일상생활 지원이라 할 수 있다.

해안 둘레길 디자인 제안

Design Proposal for coastal walk path

Designs: SE(Spatial Environment Design Group)

최근에 해수욕장, 낚시터와 같은 거점형 관광지가 아닌 제주 올레길과 같은 선형 개념의 관광코스가 주목받고 있다. 이러한 현상은 순간의 이벤트로서 바다를 경험하기보다 장시간 감상하고 사색을 즐기기 위한 대상으로서 자연을 대하는 인식 변화를 보여준다고 할 수 있다.

수요가 변함에 따라 해안공간 조성에 있어서도 보다 통합적인 디자인 관점이 필요하게 되었다. 해수욕장 주변에 집중되었던 시설들은 이제 해안길을 따라 편안하고 안전한 보행을 돕기 위한 것들로 분산 배치되었다.

특히 해안 산책로는 시점에서 종점부까지 연계하여 하나의 브랜드로 개발되기도 한다. 메인 콘셉트하에 장소별 테마를 갖는 해안길 브랜드는 방문객에게 코스별 걷기 완료라는 목표의식을 갖게 하며 구간별 이동을 안내하고 다른 산책자, 주민과의 관계 형성에도 도움을 준다. 이처럼 느린 호흡으로 지역 자연경관을 고르게 감상할 수 있도록 돕는 디자인 계획이 지속적으로 필요하다.

포항 추억길
Pohang Homage Road

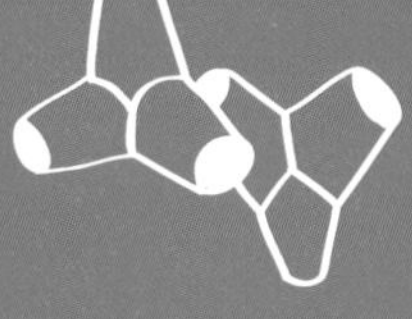

양한 방향성을 지닐 수 있다. 본 장에서는 땅에서 선행되었거나 실행 중인 디자인 방법론 중 최근 주목받고 있는 3가지 이론을 고찰하여 이를 해양공간으로 옮겨 적용했을 때 공간의 정온화, 어메니티 향상에 어떠한 영향을 미칠 수 있는가에 대해 고민하였다.

땅을 위한 Design
바다를 위한 Design

공간의 품격 향상을 위한 지향 가치는 시대와 경제 · 문화 · 환경 등 전반적인 사회여건, 요구에 따라 다양한 방향성을 지닐 수 있다. 본 장에서는 땅에서 선행되었거나 실행 중인 디자인 방법론 중 최근 주목받고 있는 3가지 이론을 고찰하여 이를 해양공간으로 옮겨 적용했을 때 공간의 정온화, 어메니티 향상에 어떠한 영향을 미칠 수 있는가에 대해 고민하였다.

땅을 위한 Design
바다를 위한 Design

1.

안전한 이용을 위한
범죄예방 환경 디자인
–

CPTED ;
Crime Prevention
Through Environmental
Design

환경설계를 통한 범죄예방을 의미하는 CPTED 이론은 범죄학, 건축학, 도시공학 등의 학문에서 응용되고 있는 분야다. 간단히 말해 적절한 설계와 건축환경을 이루고 있는 요소의 효과적 활용을 통해 범죄발생률과 범죄에 대한 두려움을 감소시키고자 하는 방법론이다. 이는 곧 안전한 생활영역을 제공함으로써 삶의 질을 향상시키는 것으로 이어진다.

1961년 제인 제이콥스(Jane Jacobs)의 저서인 『미국 대도시의 삶과 죽음(*The Death and Life of Great American Cities*)』에서 도시설계 방법을 통한 범죄예방법이 처음 제시된 이래 세계 각국에서 관련 제도를 제정하여 도입해오고 있다. 국내에서도 2005년 이후 관련 정부기관 및 학계에 의해 제도화·표준화 연구가 진행되고 있다.

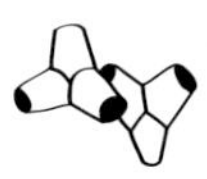

CPTED 기본전략 살펴보기

물리적 장치

- 접근 통제
  - 단지별 출입통제 장치를 설치한다.
  - CCTV, 경비 시스템 등과 같은 범죄감시 장치를 설치한다.
- 감시 강화
  - 가로등 설치, 조명 확보 등 가시성을 높인다.
  - 위범지역에 방범초소를 설치한다.
  - 공적인 영역과 사적인 영역을 명확히 구별한다.
- 영역 확보
  - 조경을 관리하고, 펜스를 설치하여 영역을 구분한다.
  - 주민의 경찰에 대한 신뢰도를 높인다.

사회적 장치

- 신뢰도 강화
  - 경찰에 대한 믿음을 강화하기 위해 노력한다.
  - 범죄 신고 후 경찰 출동 여부를 확인한다.
  - 경찰과 지역주민 간의 친밀도를 높인다.
- 친밀도 향상
  - 경찰이 범죄 관련 정보를 제공한다.
  - 자율방범대와 같이 주민 참여율을 높인다.
  - 이웃 간의 교류를 늘려 유대감을 높인다.
- 사회적 유대감 확보
  - 지역에 대한 책임의식을 갖도록 한다.
  - 범죄예방을 위한 협의체를 구성한다.
  - 지역 내 의심스러운 사람 발견 시 신고하도록 한다.

양진석, 「환경설계(CPTED)를 활용한 도시범죄 예방에 관한 연구」, 안양대 박사학위 논문, 2010.

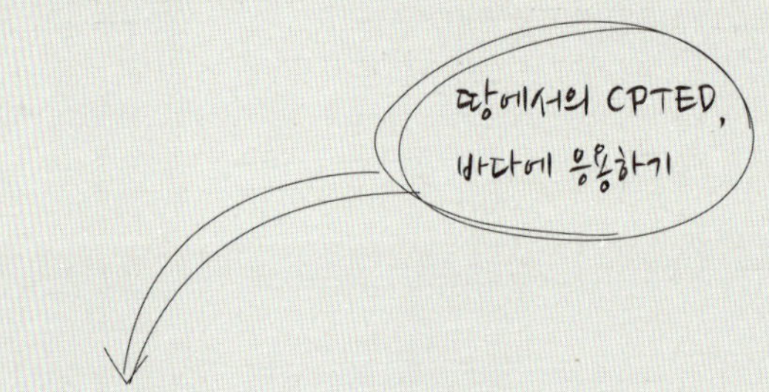

환경설계를 통한 해양의 안전한 사용
STMED ; Safe Use Through Marine Environmental Design

CPTED의 전략이 해양 공간환경에 어떻게 적용될 수 있을까? 바다에서는 디자인의 목적을 범죄예방뿐 아니라 재해예방, 해양사고에 대한 대비를 포함한 안전한 사용공간 조성에 두어야 할 것이다.

야간활동을 위한 조명과 감시장치 설치, 공적 공간 및 안전구역에 대한 영역 설정, 자연스러운 감시를 유도하는 열린 공간구조 등은 땅에서와 마찬가지로 해양에도 적용될 수 있다. 여객 이용이나 물류 이동, 해양 스포츠 등 공간의 기능에 따라 일반인에게 오픈된 구역과 접근규제 구역을 명확히 표기해야 하며 해양 스포츠를 즐길 만한 해상구역에 대해 보호막이나 간이 구조물을 설치, 조난에 대비해야 한다. 국외의 사례에서 해수욕을 위한 부유 시설물, 낙하사고를 미연에 방지하는 테트라포드 구조, 계단형 해변 데크 개발 등 복잡한 기술 없이도 효과적인 디자인을 찾아볼 수 있다. 또한 물리적 결과물이 아니더라도 해양형 안전 디자인 매뉴얼이나 운영관리 체크리스트, 평가지표 등을 개발하는 것 또한 효율적인 디자인 방법일 것이다.

87
The Tel Aviv port
Kastrup Sea Bath
Copenhagen Harbour
Forum Waterfront

2.
보편적 이용을 위한 인클루시브 디자인
–
Inclusive Design

인클루시브 디자인은 연령, 능력 등에 관계없이 가능한 많은 이들이 제품과 서비스를 사용할 수 있도록 하는 설계방식을 일컫는다. 인구 노령화와 주류 사회에 장애인을 통합하기 위한 활동에서 시작되었으며 사용자 중심의 디자인을 개발하기 위한 연구기법이다. 미국 · 대만 · 일본에서는 유니버설 디자인(Universal Design), 북유럽에서는 모두를 위한 디자인(Design for All)으로 통용된다. 단 유니버설 디자인이 제품이나 건물의 구조에 좀 더 치중한다면 인클루시브 디자인은 커뮤니케이션, 서비스 등의 디자인까지 아우르는 보다 광의적인 개념이라 할 수 있다.

해양공간에서의 인클루시브 디자인은 육역에서도 가장 기초적 방법으로 인식되고 있는 보행약자를 위한 슬로프 설치, 고른 페이빙 등을 들 수 있다. 이 외에도 모래사장에서 원활한 이동이 가능한 휠체어 개발, 접근 매트나 데크 설치, 어린이도 함께 즐길 수 있는 해변 놀이공간 조성 등이 가능한 방법이다.

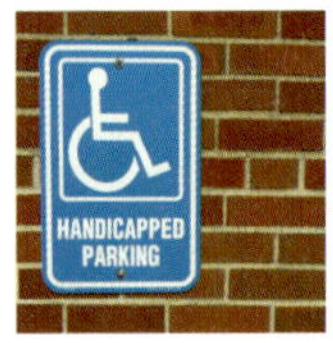

89

Beach wheelchair design or Paving for wheelchair users

Seafriendly space to accommodate various activities

Beach ramp

Assist facilities for total age group

3.
지역성 고려를 위한
지역주의 디자인
–
Regionalistic Design

지역주의란 보편적이고 추상적인 건축에 비하여 개별적이며 지역적인 건축적 특성을 지지하는 것이라 이해할 수 있다. 지역주의에서 발전된 비판적 지역주의는 지나치게 고유문화의 순수성을 고집하는 배타주의나 형태의 모방을 추구하는 감상적 낭만주의 성향의 지역주의보다 지역의 고유성을 반영하되 현대적 건축언어로 표현된 세계적 보편성이 있어야 한다는 개념이다.

해양공간에서의 지역주의 디자인의 기초는 풍토적 · 환경적 조건에 내구성, 친화성을 지니는 재료의 사용, 구조설계를 들 수 있다. 침수나 염분 있는 습기에 대비하여 콘크리트, 알루미늄 등의 재질을 사용하거나 벤치 앉음판에 구멍을 만드는 것도 한 예다. 보다 지역성을 고려한 디자인으로 역사적 건조물이나 항구와 같은 공간을 문화적 자산으로 활용하여 차별화된 관광요소로 활용하는 방법이 있을 수 있다. 네덜란드 항구의 오래된 기중기를 랜드마크화하고 옛 철로를 복원, 유지하는 것 또한 그 예다.

A. Tzonis & L. Lefaivre, 「Why Critical Regionalism Today?」, A+U, 1990.
Kenneth Frampton, 「Modern Architecture : a critical history」, London, Thames and Hudson, 1985.

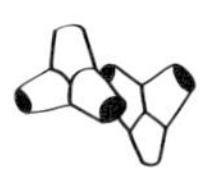

케네스 프램톤(Kenneth Frampton)에 의한 비판적 지역주의의 특성은 다음과 같이 요약된다.

■ 모더니즘의 이상을 꿈꾸기보다는 소규모 계획을 선호한다.

■ 건물이 발을 딛고 서 있는 그 땅에 주목한다. 그저 바라보는 대상인 오브제로서의 건축이 아니라 그 땅과 밀착되어 확립된 영역을 강조한다.

■ 배경화법의 파사드로서, 건축이 아니라 건축적 사실로 생각한다.

■ 보편적인 문명적 기구나 도구들보다 자연적인 것을 선호하는 측면도 있다.

■ 시각적인 것만 아니라 촉각적인 것에 의해서도 경험된다.

■ 비판적 지역주의는 지역적인 것을 감각적으로 모방하는 것을 피하고, 전통적인 것을 재해석하여 세계건축의 하나로 지향해 간다.

■ 문화적인 중심지와 종속적 관계를 지니는 지역주의는 잘못된 구조다.

성인수, 「비판적 지역주의와 한국 현대건축」, 건축역사연구, 5(1), 1996.

Design Methods

Rotterdam harbour in Netherlands

Langelinie Park in Denmark Copenhagen

Yokohama dockyard garden in Japan

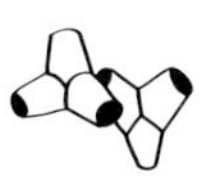

'땅'을 위한 디자인, '바다'로 가져오기

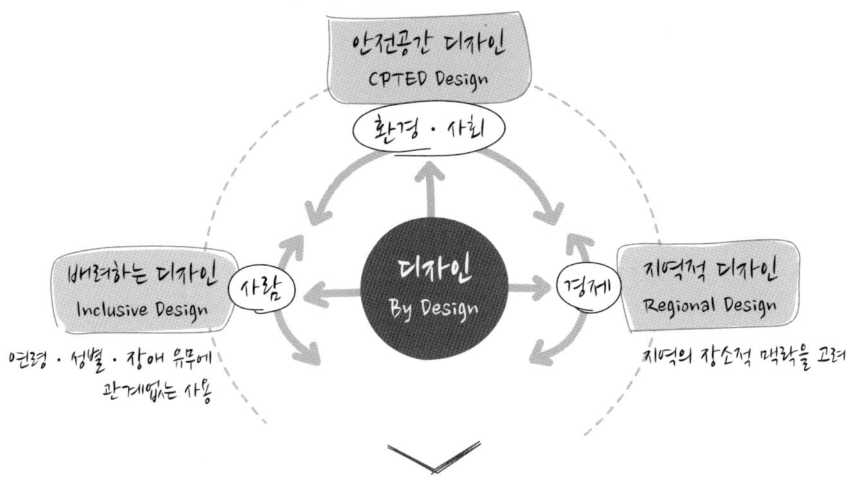

미국 샌프란시스코
블루 그린웨이 디자인 가이드라인

Blue Greenway Planning and Design Guidelines
of San Francisco, USA

2011년 샌프란시스코 시 항만 부서는 샌프란시스코 만을 위한 해안 디자인 가이드라인을 발행하였다. 이것은 샌프란시스코 만의 남동부에 자리한 공공공간과 해안으로의 접근을 위한 네트워크를 창출하기 위하여 개발되었다.

가이드라인은 기존의 혹은 새로운 오픈 스페이스의 위치와 접근로를 파악하고, 둘째, 그들 간 또는 주변지역과 해안 간의 접근로를 구축하는 데 목표를 둔다. 이러한 네트워크 구축 방편으로서

연결로 설계와 같은 도시 구조상의 변형 외에도 통합 사인 시스템 및 이용 프로그램 개발이라는 소규모 단위의 디자인 계획을 포함하고 있다. 또한 실제 적용 가능한 시설물과 사인 디자인을 제시한다. 해안 시설물에 적합한 재료와 가공법도 표기해 놓았다.

가이드라인의 실효성을 높이기 위하여 단계별 시행계획과 예상 비용, 장소의 규모에 따른 적합 프로그램 분석표 등을 도출과정으로서 제시하고 있다. 특히 실제 대상구역을 선정하여 이에 적

합한 해안 프로그램과 계획 평면도를 보여주고 있다. 출항 램프, 음수대 등과 같은 특수기능 시설물과 권장 재료는 해양의 경관적·풍토적 조건을 고려한 것으로서 도심 수변공간과는 차별화된 지침을 지닌다.

정규상 외, 「해안 디자인 가이드라인의 구성요소 및 특성 분석」, 한국디자인문화학회지, 18(4), 2012.
Port of San Francisco, 「Blue Greenway Planning and Design Guidelines」, Port of San Francisco, 2011.

Page 4.6 — Signage, Interpretation & Art

Existing Signage and Identity Conditions

Signage throughout the 13-mile corridor consists of two primary categories: street signage and park/open space signage. Street signage is part of the urban fabric or streetscape and includes: street names, bike lane identification and Bay Trail signage. Park signage is a part of the park amenities and includes: park identification, boat launch identification, interpretive, and regulatory signage.

The Blue Greenway is currently not identified anywhere. The future signage program is an opportunity to combine trail identity with other signage requirements on the same signage component. Street identification signage is a critical element on the Blue Greenway for two primary reasons: 1) the system, in its early iterations, is largely located on existing streets,

therefore the system and the street name coexist; and 2) the cross streets connect users to the adjacent neighborhoods and the City at large, therefore street identification is a key orientation device. Bay Trail signage is present on Terry A Francois, Illinois and Cargo Way. The size of the sign is not sufficient in the large scale industrial context and the "brand" of the Bay Trail is not elevated on standard street pole installations. Bike lane identification needs to be reinforced and strengthened, especially on class one bike lanes.

The quality and condition of park identification signage along the system varies widely. The bold inset concrete letters at China Basin is a visually strong and durable solution. In contrast, the Heron's Head Park and Agua Vista Park signs are aesthetically and contextually weak and in poor repair. In order to be successful, park identification signage does not have to be a consistent design and style along the Trail.

BLUE GREENWAY

Planning and Design Guidelines
REVISED DRAFT FOR PUBLIC REVIEW JUNE 2011

Open Space Concepts | Streets | Furnishings
Signage & Identity | Funding & Implementation

A Citywide Interagency Effort

Led by the Port of San Francisco
www.sfport.com/bluegreenway

Page 4.11 — Signage, Interpretation & Art

Hierarchy:

There are three hierarchal components of the Blue Greenway Blaze that establishes the identity and wayfinding for the system as illustrated in Figure 4.2:

1. The Sail that "blazes" the path between parks and open space and helps establish an identity for the Blue Greenway
2. The header on top of the pylon identifies the local neighborhood
3. The directional information (text and arrows) to "anchor destinations" along the Blue Greenway and a map with the broader city wide context.

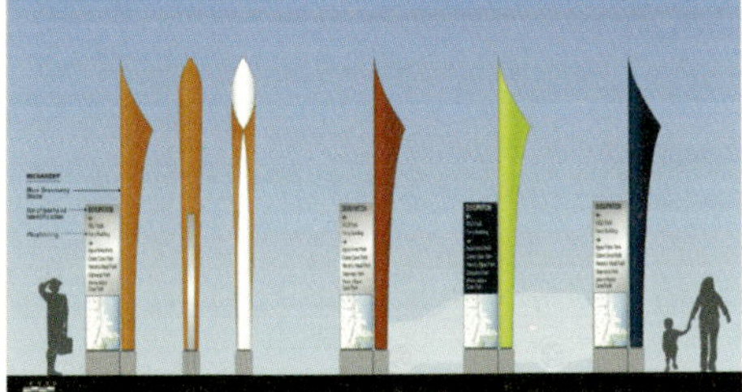

Figure 4.2: Blue Greenway Signage Concept with Red, Blue and Green Options

---

Page 2.5 — Open Space Use & Program Concepts

Pier 52 Boat Launch - SITE 5

Recommended Program Concepts

The Pier 52 Public Boat Launch Ramp is the only public boat launch in San Francisco accessible to trailered boats and supports the launching of other small "roof-top" craft. The facility includes a parking lot specifically designed and built to support the launch ramp and boating community. The program concepts developed below are for the launch ramp and adjacent shoreline open space. The program uses were developed through the criteria and suitability analysis conducted and described previously in this section and in the planning and design of the Boat Launch project. The site should be designed for passive recreation and to provide a transition between the China Basin Shoreline Park and Mission Bay, Bayfront Parks.

- Waterfront Promenade
- Picnic Area
- Café / Bait Shop
- Native Garden
- Public Art
- Low Float / Step for Small Craft Launch

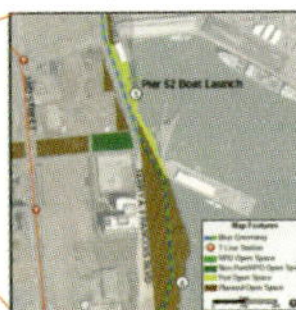

Project Cost/Funding: $600,000

This site was not identified as a receiver for the 2008 GO Bond funds.

Page 5.3 — Site Furnishings

Color and Material Suggestions

Concrete

Concrete - cast

Concrete - textured

Concrete - form finished

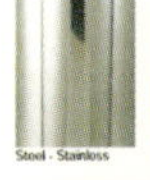
Steel - Stainless

Steel - Weathering

Steel - Galvanized

Steel - Powder Coated

Wood - Sustainably Harvested Redwood or Cedar

Wood - Reclaimed

Color Notes:

- Site furnishings should not distract from the primary focus of the Blue Greenway which is Nature and the Industrial Waterfront.
- A neutral, natural color palette based on the industrial materials found in the area would work well.
- Bright colors should be avoided except for interpretive signs, way-finding, and public art.

Page 2.6 — Open Space Use & Program Concepts

Pier 52 Boat Launch - SITE 5

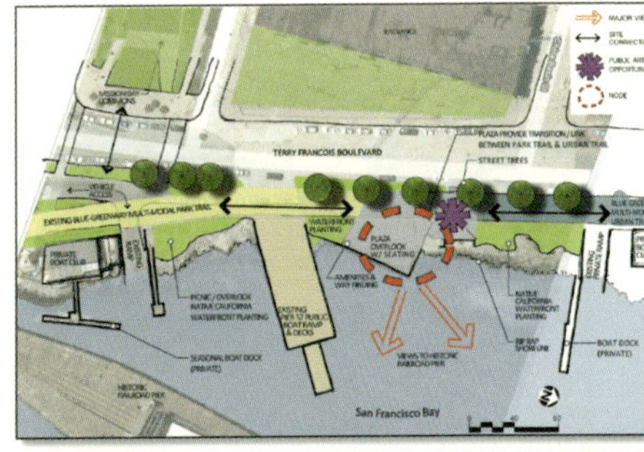
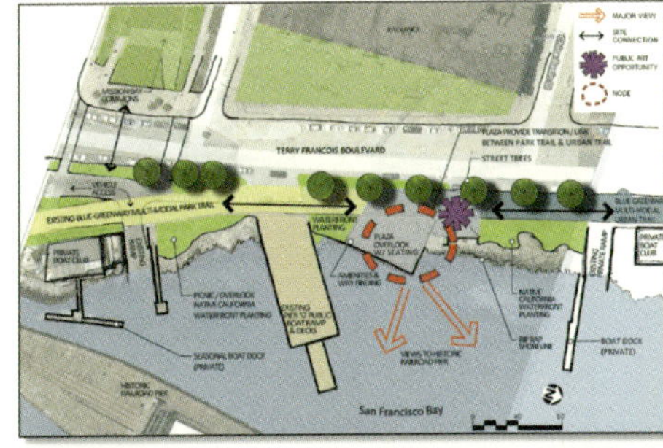

Page 5.6 — Site Furnishings

Bicycle Racks

Water Fountain / Refilling Station

Concrete Block

Concrete Block - Detail

Specific Open Space Furnishings:

The selection of site furnishings for individual open spaces with the exception of three furnishing types (bike racks, drinking fountains and Blue Greenway Landscape blocks) will be based on the unique characteristics of the individual sites while using the criteria and characteristics established in this section. This is intended to provide for a certain level of consistency while allowing individual designers some flexibility and creativity

The three pieces of site furnishings specified for the design of the Blue Greenway open spaces are established to help strengthen the identity and system as a whole and ease in maintenance and replacement of the furnishings. The three elements include: bicycle racks, drinking fountains and Blue Greenway landscape blocks, as described below:

Bicycle racks

- Use tubular square material, in cross section to deter pipe cutting
- Locate in a convenient location, in plain view, and away from the street edge if possible
- Provide enough for anticipated activity in the area

Drinking fountains

- Provide extremely durable units
- Include a dog bowl option, one per site, minimum
- Incorporate jug filler for refilling personal water bottles

Blue Greenway Landscape Blocks

- Select from Blue Greenway Customized Blocks (details and options to be defined)
- To be used as seating, retaining or sculptural forms
- To be utilized in all open spaces

Page 3.8 — Linking & Connector Streets

Connector Streets

Blue Greenway Connector streets provide a direct connection from an adjacent neighborhood or major public transit stop to the Blue Greenway. In addition to providing a direct connection, they can be utilized as a part of a "loop system" offering an alternative recreation opportunity. The Connector Streets are recognized in Figure 3.1: Blue Greenway Linking and Connector Street System Map. The Connector streets fall in multiple jurisdictions and as improvement opportunities arise, the San Francisco Planning Department with MTA, DPW and other relevant agencies will coordinate on the improvements consistent with other relevant City plans including Better Streets and Bicycle Plans.

Looking east on 16th street at Illinois Street, ultimate improvement to 16th Street "Connector Street" to include connection to Blue Greenway at Bayfront Park

Cross section of Cargo Way long term plan

호주 뉴사우스웨일스
연안 디자인 가이드라인
Coastal Design Guidelines for NSW, Austrailia

본 가이드라인은 해당 지역의 해안위원회에 의해 2003년에 발행되었다.

발행 배경에는 관광객 급증으로 인한 기존 주거지의 특성 상실과 서비스 인프라 제공에 대한 압력이라는 문제가 있었다. 관광활성화를 위한 개발과정에서 지역의 독특한 문화적 · 자연적 특성은 사라졌으며 해안 고유의 정주형태도 변형되었다. 따라서 NSW 해안 디자인 가이드라인은 첫째, 해안을 따라 형성된 정주형태와 자연환경의 다양성 보호, 둘째,

일률적 도시개발의 방지, 셋째, 이러한 기본목표하에 해안 어메니티와 활성화 향상을 목적으로 하고 있다.

이 가이드라인에서 주거지 유형 구분은 주요한 분석대상으로 다루어진다. 그것은 해안 도시, 해안 소도시, 해안 마을, 해안 촌락, 내륙 해안 중심지, 새로운 해안 주거지, 고립된 해안 주거지 등의 7가지 유형으로 구분되었다. 이를 기준으로 각 장에서 주거유형별 수용 가능한 프로그램과 각종 시설, 지향성 등을 언급

하였다. 또한 해안 주거지 5대 디자인원칙으로서 1.주거지 부지와 경계 정의, 2.개방공간 연결, 3.자연지역의 가장자리 보호, 4.도로패턴의 보강, 5.해안여건에 적절한 빌딩을 선정하고 각 항목에 대한 구체적인 문제점과 바람직한 디자인 지침, 사례 등을 제시하여 이해를 돕고 있다.

Coastal Council of NSW, etc., 「Coastal Design Guidelines for NSW」, Coastal Council of NSW, 2003.

CONNECTING OPEN SPACES

In many coastal settlements past planning practices have focussed mainly on the provision of roads and houses. Open spaces form isolated pockets rather than constituting an integrated, connected network that meets the needs of residents of the settlement and surrounding habitats.

THE VISION

The vision for the NSW coast is for an interconnected open-space network strategically planned both regionally and locally to preserve significant areas of natural bushland and coastal ecosystems. The network also has urban open spaces to provide a variety of recreational opportunities and to address local catchment and drainage requirements.

ISSUES

Current subdivision planning often leaves minimum distances between urban development and sensitive environments, resulting in:

- degradation of reserve areas by over use or unplanned uses because of a lack of recreation areas within suburbs
- degradation of ecological values of low-lying land used to detain and treat stormwater
- encroachment into setback areas during construction and cut and fill operations
- uncontrolled access into natural areas and the use of those areas as dumping grounds leading to weed infestation
- alienation of public space for private uses

Local open space areas may also be poorly planned and located, resulting in:

- a lack of appropriate recreational spaces
- poor safety and security
- under use because of insufficient housing catchment

OBJECTIVES

Regional and local open-space networks are to [...] water management, for incorporating a log[ical] cycle system, and to ensure connected, well lo[cated] places for active and passive recreation for re[sidents] within and between settlements.

Regionally the open-space network also:

- creates separation between settlements
- protects the natural visual setting of settle[ments]
- contributes to regional ecological systems

Locally the open-space network:

- creates identity and character for settleme[nt]
- provides amenity for residents and visitors
- enhances, improves and provides open sp[ace for] passive and active recreational opportunit[ies]
- ensures adequate setbacks to protect natu[ral areas]
- contributes to improved water quality
- protects conservation areas and conne[cting] transition areas and setbacks, which [...] ecosystems
- provides safe and convenient pedestrian [access] through and around the settlement to the [...] places of cultural, commercial, scenic and [...]
- implements and improves water sensitive [...] water cycle management and storm water [...]
- protects Aboriginal and European cultura[l] items
- provides a landscape setting and outlook [...] protects the key natural features surroundi[ng]

DESIGN GUIDELINES FOR THE OPEN-SPACE NETWORK

Locating and designing open spaces within a structure plan creates the character and identity for the settlement and its surrounding context. A number of principles need to be considered.

1. Locate and connect new and existing open spaces which protect and maintain:
   a. nature reserves, conservation areas, park lands and environmental protection areas
   b. the natural and rural setting of the settlement including the scenic values of the visual catchment
   c. remnant native vegetation
2. Establish continuous ecological corridors to incorporate existing remnant vegetation by connecting reserves and conservation areas from the hinterland or surrounding mountains to the coastal edge.
3. Provide setbacks to protect property from the effects of coastal erosion, flooding and bushfire.
4. Locate open spaces to build on the special attributes of an area for long term public amenity and identity of the place. An open-space network may include hill tops, river frontage, mature trees, places with panoramic views, rocky outcrops and remnant vegetation.
5. Where feasible preserve settings for places of cultural heritage within the open-space network.
6. Provide areas within the open-space network sufficient to detain and cleanse stormwater runoff and avoid impacting sensitive ecologies.
7. Establish edge open-spaces with streets and pedestrian pathways. These are best located within the development footprint of the settlement, rather than in an open-space zone.
8. Provide pedestrian and cycle access that:
   a. does not compromise the ecological values of high conservation areas

b. connect important places throughout the settl[ement]
c. connects residential areas to commercial and reta[il] locations without compromising the visual, aesthe[tic and] ecological values of the foreshore.
9. Provide a variety of large and smaller open spaces to [provide a] range of different active and passive recreational [uses], example:
   a. playing fields
   b. playgrounds and small pocket parks
   c. walking and cycling connections
   d. places and activities for people with physical disabilities
10. Co-locate recreational facilities with shops, schools a[nd] community facilities to reduce parking and minimise [travel] distances.
11. Landscape design of open spaces should reflect the [...] qualities of the location and their functions.

1> This master plan has incorporated parks, playing fields and wildlife corridors. (Banlopa Gardens, draft master plan by Landcom and designed by Annand Alcock Urban Design and Allen Jack and Cottier Architects).

2> This foreshore location is a popular and informal park.

3> Headlands are protected from development.

COASTAL ZONE OF NSW

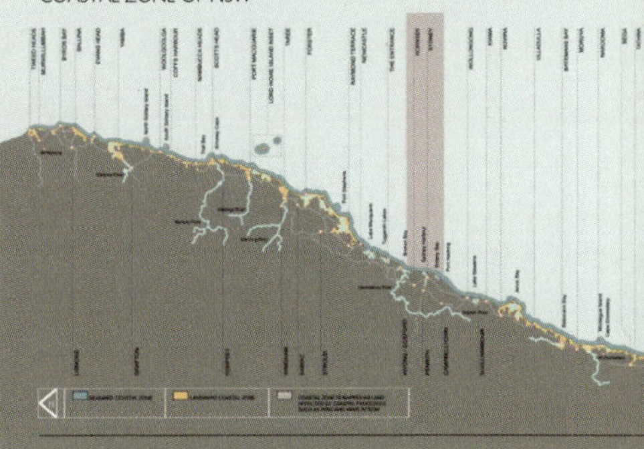

UNDESIRABLE PRACTICE

1> Development extends along the coastal edge without setbacks for conservation or coastal processes. Backyards face the foreshore effectively privatising the coastal edge.

2> A new subdivision plan provides no setbacks or corridors to conservation areas. Backyards facing onto all open spaces limit access and reduce the potential beauty of the location. Parks are created by land left over from a road and lot pattern bearing no relation to the topography; backyards face onto them.

3> This settlement has inadequate open space for the size of the developed area. The foreshore zones have not been protected as a result and have become privatised. A golf course is located on the beach front, limiting public access and resulting in removal of some foreshore vegetation. Tuggerah Lakes, NSW. Aerial photograph, 1997.

COASTAL CITIES

Settlements that may be considered as coastal cities include Tweed Heads, Coffs Harbour and Port Macquarie.

>Aerial photograph of Port Macquarie, 1997.

DESIRED FUTURE CHARACTER

Coastal cities grow and accommodate a larger working, residential and retirement population whilst maintaining the coastal virtues that make the place sought after. Coastal cities plan for urban opportunities whilst not creating continuous linear development along the coast. Coastal cities optimise the efficient use of land, services and infrastructure to minimise impacts on the surrounding environment. As coastal cities develop they reduce the pressure for expansion in more sensitive locations.

1. **Relationship to the environment**
a. The relationship of a city to the coast is improved by:
   - planning to minimise expansion of city edges
   - extending, connecting and improving the open-space network and the public domain throughout the whole city for conservation, recreation, access and water management
   - protecting Aboriginal and European cultural places and relics and allowing interpretation, where appropriate
   - maintaining the pattern of settlement relating to the original geography, the foreshore and other natural features
   - ecological links between the coast and the hinterland
   - negligible impacts on water quality in water bodies and sustainable water and waste water systems
   - ensuring soil areas on sites and within public land are maintained for water percolation and mature tree growth
   - protecting existing areas of indigenous vegetation within the city for environmental, education and recreational purposes
   - enhancing micro-climatic conditions through landscaping and street trees.

2. **Visual sensitivity**
a. The visual character of cities is protected and consists of:
   - views of public reserves and conservation areas
   - views and vistas from and to the coast, rivers and other water bodies and coastal vegetation
   - views and vistas of headlands, escarpments and mountains and other natural features
   - vistas of the surrounding s[...]
b. Views from public places are [...] they have been lost thr[ough] development. The visual qual[ity] as part of an overall desired f[...]
c. The retention of private vie[ws and] native vegetation.

3. **Edges to the water and natu[re]**
a. A variety of edge conditions [along the] coastline.
b. Access to and along the coast [...] and designed to allow cultura[l...]

4. **Streets**
a. Coastal cities have a full rang[e of...]
   - cultural and urban streets [...]
   - main social, retail and com[mercial ...]
   - streets that reveal import[ant...] settlement to the coast, a[nd...]

DESIRABLE PRACTICE

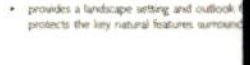

일본 가와사키 시
임해부 색채 가이드라인

Costal Site Color Design Guidelines of Kawasaki-si, Japan

가와사키 임해부 색채 가이드라인은 가와사키 시 지방정부의 경관·마을만들기 지원과에 의해 개발되었다.

가이드라인의 목적은 항만, 공업, 주택의 복합기능 도시로 발전하고 있는 대상지역에 대하여 해안 주요 구조물의 색채특성을 정리함으로써 조화롭고 활력 있는 임해부 경관을 형성하기 위함이다. 주요 구조물이란 공장이나 항만, 교통 관련 시설물로서 비교적 규모가 크고 채색 면적이 넓어 해안의 자연색과 시각적으로 대비가 되기 쉬운 대상물을 의미한다.

본 가이드라인은 색채 결정을 위한 기준을 다음과 같이 설정하고 있다. 1.자주성의 존중; 개개 기업의 자주성을 존중, 기조색상 선택 및 지구 구분을 통하여 사업자가 자주적으로 판단, 결정하도록 함, 2.자유도가 높은 색채 선택; 색 범위를 폭넓게 설정, 3.쾌적한 색채환경 창조; 유사색에 의한 조화, 외형적으로 쾌적한 색채환경을 서서히 형성. 이러한 기준을 살펴보았을 때 임해부 색채 가이드라인은 지구별 사용 색채범위를 지정하되 해당 범위 안에서의 결정에 있어서 강제성이 낮은 것으로 판단할 수 있다. 또한 자유롭지만 통합된 경관 형성을 위하여 대상지를 3개 지구(일반 컬러디자인 지구, 중점 컬러디자인 지구, 그래픽 디자인 거점)로 구분, 지구별 색채 표현의 레벨에 따라 색채범위를 제시하고 있다.

가와사키 시 마을 만들기국 계획부 경관·마을 만들기 지원과, 「일본의 경관색채 가이드라인」, 디자인서울총괄본부, 2008.

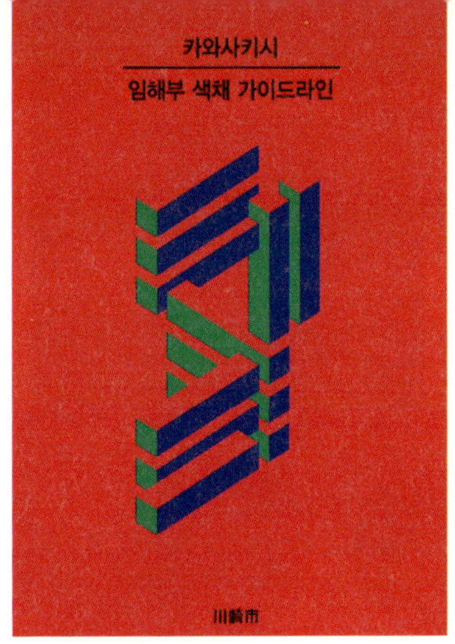

[4] 일반 칼라디자인 지구

일반 칼라디자인 지구에서는 색상조화형의 색채디자인을 기본으로 합니다.
색상조화형의 색채디자인은 동일계통의 색상 그룹의 색을 사용하는 디자인 방법입니다.
빨강계, 노랑계, 초록계, 파랑계, 보라색계의 5개 색상 그룹 중에서 하나를 선택하여
그것을 기조색상으로 한 색상조화형의 색채디자인을 실시하는 것으로 합니다.
선택한 기조색상 별로 다음과 같은 색채의 범위를 설정합니다.

● 사용할 수 있는 색채의 범위

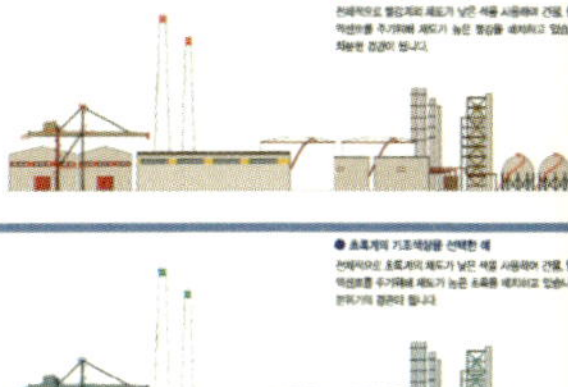

[8] 색채계획의 실시 예

지금부터 제시하는 예는 A사업소에 있어서 실제로 실행되고 있는 색채디자인의 실시 예입니다.
A사업소는 종합 디자인 지구를 선택하여, 그 중에서 한 개의 템마를 그래픽디자인 거점으로
정립할 색채디자인을 실시하여 사업의 제도장을 진행하고 있습니다.

[택지 전체의 색채계획]

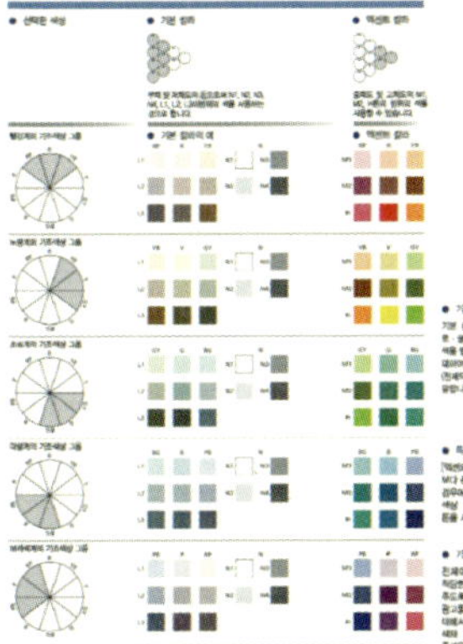

● 공통 아이템별 디자인 사례

● 노랑계 존의 디자인 사례 (1)

● 노랑계 존의 디자인 사례 (2)

● 파랑계 존의 디자인 사례

● 초록계 존의 개별

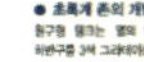

● 초록계 존의 개별

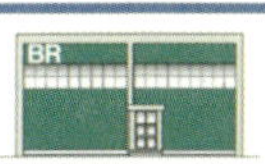

● 실시례

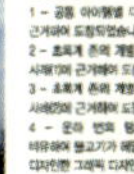

Expert's eye

정 하 윤 해양수산부 연안계획과 사무관

공 성 규 해양수산부 연안계획과 주무관
인하대 지리정보공학과 박사과정 수료

국내 해양 정책의 흐름 읽기

Comment by

현 해양정책의 주요 아젠다

급변하는 세계정세 속에서 해양을 둘러싼 국민적 수요와 요구를 종합적이고 체계적으로 추진하기 위해 2013년 새롭게 해양수산부가 발족하였다. 본 부처에서는 해양, 수산, 항만, 물류, 해사안전 등 다양한 분야에서 유기적인 네트워크를 구축하여 시너지 효과와 미래지향적 창조경제를 창출하기 위한 정책을 추진할 계획이다.

해양의 공간적 범위는 지구의 70%를 차지하고 특히 우리나라의 경우, 삼 면이 바다로 둘러싸여 그 면적이 육지면적의 약 3.5배에 이르는 풍부한 해양환경을 가지고 있다. 그러나 최근 유엔해양법 선포 이후 해양관할권 확보를 위한 본격적인 해양 경쟁시대가 도래하여 육상자원의 고갈, 해양자원 경쟁 및 해양 관할권 확보를 위한 국가 간 경쟁이 심화되고 있다. 또한 200해리 EEZ 제도의 정착에 따라 해양자원을 둘러싼 연안국 간 마찰이 심화되고 있어 이를 선점하기 위한 다각적인 노력이 필요하다. 우리나라의 대외적인 해양정책의 최우선 순위는 여기에 있다고 할 수 있다.

대내적으로는 육지자원의 고갈에 따른 신재생 에너지 개발과 과학기술력 확보를 통한 신성장동력 육성을 목표로 해양과학기술에 대한 투자를 지속적으로 확장하고 있다. 조력, 파력 등의 해양 에너지와 해저 열수광상 · 망간단괴 등과 같은 해저광물 개발에 관련된 각종 신산업을 지원하는 정책이 시행되고 있다. 이 외에도 국민 소득수준 증대와 삶의 질 추구에 따른 생활 패턴의 변화, 여가 · 레저에 관한 관심 증가로 인한 해양관광 수요 확대에 대응하기 위한 해양 레포츠와 마리나 활성화 등 새로운 해양산업 육성에 관한 정책이 보충되고 있다. 레저 패턴이 해수욕장 위주의 단순 관람형에서 문화가 어우러진 체류·체험형으로 다양화됨에 따라 전통적인 수산산업을 미래지향적인 고부가가치 산업으로 성장시키고 국민이 떠나는 바다가 아니라 다시 찾는 생활공간으로 가꾸기 위한 노력의 일환이다. 보다 구체적으로 쾌적하고 안전한 힐링 연안공간 조성을 위해 해양보호구역을 확대하고 연안오염총량 관리제를 확대하는 한편, 통합적·사전예방적 연안 침식 대응과 연안 난개발 차단장치 제도화, 연안·공유수면 관리의 효율화를 위한 관련 제도를 개선하고 있다.

앞으로의 과제와 해결의 시급성

이후의 계획에서는 해양분야의 연구개발사업 추진체계를 정비하고 연구개발 발전전략 및 장기 비전을 마련, 수요지향형, 참여형 해양수산 연구개발을 추진하게 될 것이다. 또한 MT(Marine Technology) 기반의 해저개발, 물류효율화, 해양 에너지 사업육성, 선박, 해양 플랜트 산업을 고부가가치화하여 새로운 먹거리를 창출하고 전통 해양산업의 미래산업화 구현과 해운산업의 안정적 성장, 새로운 항만 발전전략을 추진할 것이다.

현재 해양공간은 연안관리법 등 관련법에 의해 관리되고 있으나 지방자치단체의 난개발 등을 효과적으로 통제할 수 있는 강제수단이 부족한 실정이다. 이를 위해 현재 관련법을 개정 추진 중이며 체계적인 법 집행을 통해 보다 많은 사람들이 해양을 느끼고 지속 가능한 발전을 도모할 수 있는 기틀을 마련해야 한다. 이에 더해 해양에서의 안전 확보를 위한 조치가 우선적으로 담보되어야 하며 환경 훼손을 최소화하는 동시에 많은 국민들이 해양에 쉽게 접근할 수 있도록 접근성 개선이 필요하다.

해양정책에서의 해양 디자인

해양 디자인은 해양을 공간적 배경으로 하는 디자인이며 우리 생활과도 밀접하게 관련되어 있다. 일반적인 디자인의 개념에 비해 특정공간을 한정한 것은 해양이 가진 특수성 때문이라 할 것이다. 국민들이 생각하는 해양이라는 공간은 생활의 공간이자, 꿈과 이상향의 공간이다. 이러한 공간을 다루는 정책은 보다 세심하게 다루어져야 한다. 즉, 해양 디자인은 해양정책에서 기본으로 다루어져야 할 대상이라 할 수 있으며, 국민의 마음을 어루만지면서 생활 속에서 와닿는 정책을 제시하고 구현해야 한다. 여기에는 해양경관과 같은 시각적인 상승효과를 비롯해 기능의 개선, 국민의 이용편의성, 접근성, 안전성 확보 등 여러 과제가 포함된다. 기본적으로 해양 레저 등의 새로운 분야에서 문제점 개선을 통해 사용자의 만족도를 제고하기 위한 해양 디자인 도입이 필수적이라 하겠다.

해양정책 수립 시 고려해야 할 5개 가치

해양정책에서 고려해야 할 첫번째는 '안전'이다. 동적인 특성을 지닌 바다는 정적인 육지에 비해 위험성을 내포하고 있다. 해양에 설치되는 시설물, 선박 등 해양에서 운영되는 모든 시설물 및 장치들은 안전을 최우선으로 삼아야 할 것이다.

둘째, '공존'이다. 해양은 인간뿐 아니라 다양한 생태계가 살아가는 생명의 공간이다. 많은 생명들이 조화롭게 살아갈 수 있는 지속 가능한 보전이야말로 해양에서 무엇보다 중요한 가치라 할 것이다. 해양은 열린 공간이다. 바닷물은 지구의 해수순환체계에 따라 순환하는 구조를 가지고 있다.

따라서 나갈 수 있고 어디든지 도달할 수 있다. 이 말은 일단 바다가 한 번 오염되면 그 영향력이 육지의 그것과 비교도 할 수 없다는 뜻이다. 최근 우리는 선박사고로 인해 해양에서 입는 피해가 엄청난 경제적 손실을 초래하는 것을 수차례 경험한 바 있다.

셋째, '배려'의 가치다. 해양은 특정인을 위한 공간이 아니다. 대다수 국민이 이용하는 공공의 공간이다. 공공공간은 접근성이 확보되어야 한다. 여성, 노인, 어린이, 장애인 등 사회적 약자를 포함한 모든 사람들이 쉽게 접근할 수 있도록 돕는 해양 디자인이 필요하다.

넷째, '경제적' 가치향상이다. 예전에는 바다는 동경의 대상이었다. 하지만 지금은 바다를 관리하고 지배하는 나라가 선진국으로 발전하고 있다. 영국, 미국을 비롯해 해양을 지배한 국가가 세계를 지배하는 역사를 우리는 목격해 왔다. 지금은 이러한 해양의 경제적 가치를 인식하고 연안국들은 자국의 경제적 부가가치를 고도화하기 위해 많은 투자와 노력을 기울이고 있다. 해양 디자인을 통해 경제적 부가가치를 창출하는 것은 관련 분야를 활성화하는 사회적 공감대를 형성하는 것이다.

넷째, '융합과 통합'의 가치다. 해양이라는 공간은 공간적 특수성을 가지고 있지만 육상처럼 우리가 생활하는 공간이다. 오랫동안 그곳은 우리 삶의 터전이었고, 육상의 다양한 기술이 해양공간과 융합되어 구현되었다. 이러한 전통과 새로운 가치는 보다 체계적인 관리개념이 필요하며 특히 지자체별로 관리되어 통일되지 못한 시설물에 대해 작은 안내표지부터 시작하여 통합 관리해야 할 것이다.

해양 디자인 정책의 비전

해양 디자인 개념은 이제 막 태동했다. 해양공간의 특수성을 감안하고 이에 디자인을 융합하는 의미로서의 체계적인 개념 정립은 아직까지 진행이 미비하다. 즉, 해양 디자인 개념을 정립하고 이를 구체화하는 노력은 사실 무(無)에서 유(有)를 창조하는 것이다. 기존에 없던 것을 새롭게 만들기 위해서는 연구자의 노력과 더불어 많은 분야에서 사회적인 공감대가 필요하다. 새로운 출발이 훌륭한 씨앗이 될 것이라 생각한다. 이러한 작은 출발을 통해 관련 분야의 학술적 연구를 위한 동기를 부여하고 해양분야에서 활용되고 있는 요소 산업들을 해양 디자인의 관점에서 유기적으로 연계하며 이를 통해 해양 디자인 분야가 하나의 융합산업으로 자리잡기를 기대한다. 또한 이를 뒷받침하기 위해 해양 디자인을 대상으로 하는 제도, 정책도 구체화될 것이다.

Marine Design Revolution

해양 디자인 기술이란 유·무형의 해양 디자인 방법을 유형화, 체계화, 데이터베이스화한 것이라 할 수 있다. 이는 물리적이며 과학적인 여타 해양기술과 결합, 기술 보완을 통하여 실질적인 공간환경 개선에 기여할 것이다. 본 장에서는 유형별 해양 디자인 기술을 제시하고 이를 통한 기대효과, 그리고 해양 디자인 기술을 통해 개선 가능한 대상들, 현 시점에서 우선되어야 할 과제를 제시한다.

Marine Design Revolution

해양 디자인 기술을 통한
경제적 효과를 기대한다.

–

1.

안전 공간환경 설계를 통한
비용 절감

- 현재 해안선 침식, 시설 노후화 등에 대한 사후 대처식 관리는 많은 관리비용을 필요로 한다.
- 해양의 풍토적 특수성을 고려한 시설물 적용과 디자인 가이드라인, 사용자에 대한 이용 매뉴얼 등은 대응적 · 보완적 기술이 아닌 대비적 · 선행적 디자인 기술이라 할 수 있으며 이를 통해 불필요한 비용을 절감할 수 있다.
- 각종 해양 외곽, 계류시설에서의 안전 불감증으로 인한 사고에 대해 규제가 아닌 안전구역으로의 이동을 유도함으로써 인명, 재산피해와 구조활동으로 인한 노력을 절감할 수 있다.

2.

다기능, 복합 공간 시범모델
제시를 통한 사업결과 예측

- 해양 공간 프로토타입 개발을 통해 유사 사업에 대한 구체적인 시뮬레이션이 가능하여 사후 긍정적 · 부정적 효과에 대해 예측할 수 있다.
- 이를 통해 차후 진행될 국가 사업의 과정에서 비용 및 시간적 손실을 절약할 수 있다.
- 지역 중심의 시범사업 진행 시 지역의 경제적 · 인력적 역량 부족으로 인해 해소 불가능한 공간 디자인의 기본적인 방향성을 제시할 수 있다.

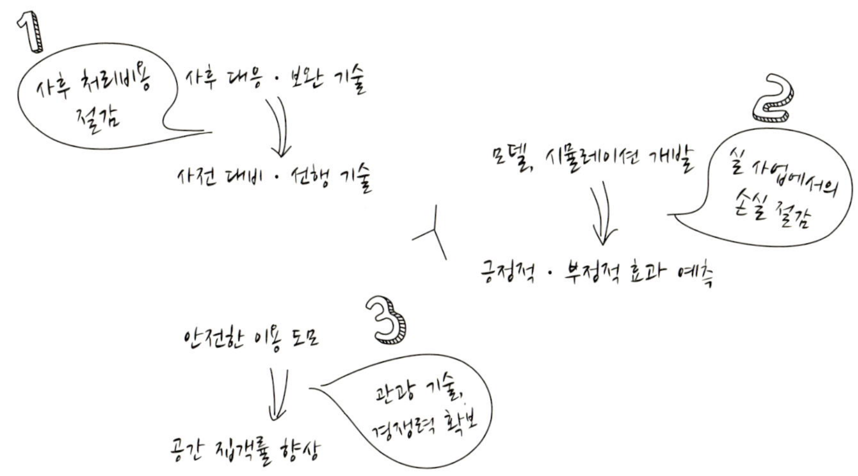

3.

관광자원 확보 및 해외 기술 수출 가능성

- 해양 디자인 기술은 궁극적으로 공간의 어메니티를 향상시키고 안전한 이용을 가능케 함으로써 공간에 대한 집객률을 높인다.

- 유사한 형태로 개발되고 있는 현 연안공간 개발에 대하여 지역 고유의 차별적인 테마를 발굴, 적용케 함으로써 관광자원의 경쟁력을 높일 수 있다.

- 국내 해양공간의 특이성을 고려하여 개발함으로써 국외 디자인 기술에 대한 경쟁력 및 기술 수출 가능성을 높일 수 있다.

해양 디자인 기술을 통한
사회문화적 변화를 기대한다.
-
1.
어촌 및 해양 도시의
정주환경 개선

■ 공공공간으로서 친수, 문화공간 및 교통 인프라의 확충을 통해 어촌과 해양도시 거주민의 생활환경을 개선할 수 있다.

■ 공공적 친수공간을 커뮤니티 공간으로 활용, 지역민 간의 유대감을 형성하고 공간 프로그램에 대한 자발적 참여 기회를 제공함으로써 애향심을 증가시킬 수 있다.

■ 연안 침식 및 이상 파랑과 해일 등에 대한 대처로 주민의 불안감 해소와 생활터전을 보호할 수 있다.

2.
한국형 해양문화 창출을
위한 기반 마련

■ 해수욕장 이용에 집중되어 있는 국내 해양공간의 활용도에 대하여 다양한 활용 방안을 재고해 볼 수 있다.

■ 기술적·내용적 측면에서 선진화된 해양 디자인 기술을 시범적으로 도입함으로써 실제 적용에 대한 성공률을 높일 수 있다.

■ 이러한 시도를 기반으로 하여 국내 해안의 역사·환경적 여건에 적합하며 차별화된 한국형 해양문화를 창출할 수 있다.

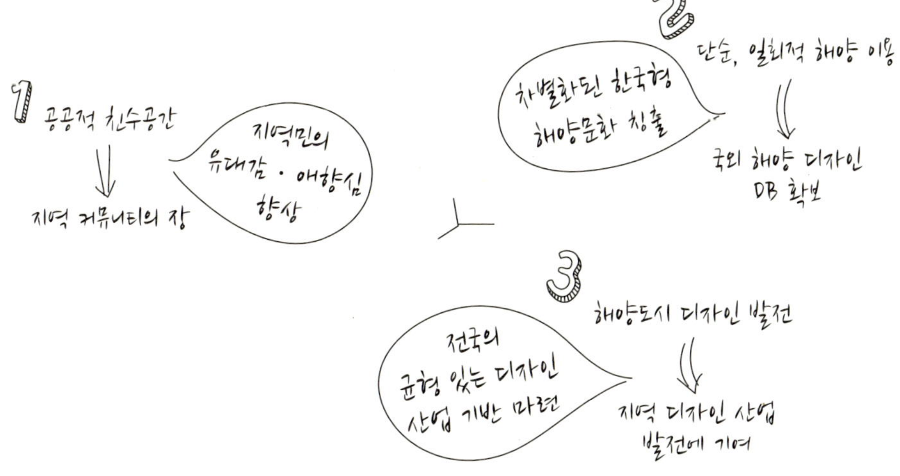

3.
지역 디자인 산업의
저성장 불균형 해소

- 디자인 산업의 발전은 개성적인 지역 이미지 형성에 기여하며 이를 통해 새로운 지역발전의 원동력을 제공할 수 있다.
- 현 디자인 산업은 수도권에 집중되어 있다. 해양 도시의 디자인 산업 발전은 동서남의 지역 디자인 경쟁력 확보와 시장 활성화를 위한 토대가 될 것이다.
- 해양 디자인 산업 관련 인력 양성 및 직업의 기회를 제공함으로써 지역 디자인 산업 저성장에 대한 불균형을 해소할 수 있다.

해양 디자인 기술을 통한 기술적 발전을 기대한다.

-

1.
해양 과학기술과 디자인 기술의 융합화 모델

- 과학기술로 충족하기 어려운 공간의 쾌적성, 심미성 등의 조건을 디자인 기술을 접목하여 극대화할 수 있다.
- 반면 디자인 기술 결과물의 비과학적이며 시각 중심의 특성이 과학기술과 접목되어 지속 가능하며 실용성 있는 결과물로 완성될 수 있을 것이다.
- 공학적 · 물리적 분야와 디자인 분야 간 기술 협조를 통하여 융합기술시대의 모범 모델이 될 수 있다.

2.
해양 공간환경에 대한 핵심 디자인 기술 축적

- 국내외 해양 디자인 기술을 데이터베이스화하는 중요한 과정이다.
- 차후 진행될 국가 사업에서 이를 기초로 한 체계적 계획 수립이 가능하며 파급효과를 예측할 수 있다.
- 해양 디자인 기술의 개념을 명확히 정립, 제시하는 것이 중요하며 이는 이후 관련 분야의 전문적 연구 및 인력 양성의 토대가 될 것이다.

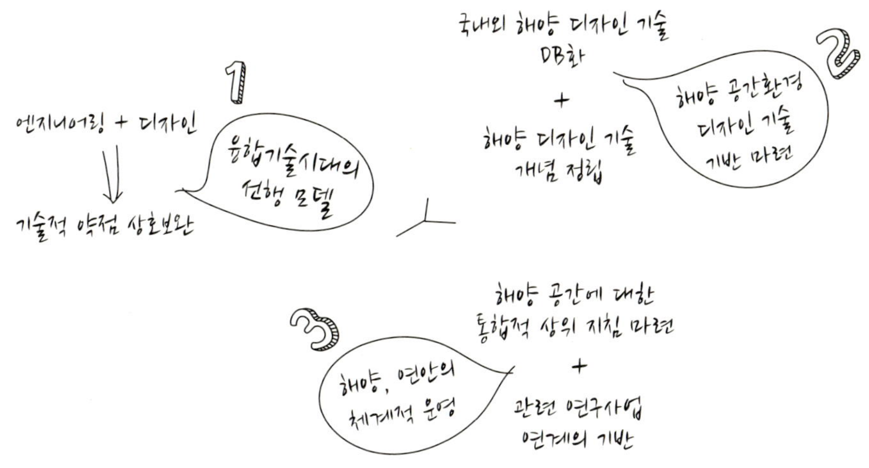

3.
해양, 연안의 모든 공간 운영에 대한 통합적 구심점

- 현재 진행되고 있는 항만 재개발, 친수항만 조성, 마리나 항만, 경관사업 등을 아우르는 통합적이며 상위 개념의 기술지침이 필요하다.
- 관련 연구사업들의 연계를 위한 기술인력, 연구시설을 결집시키는 체계적 연구 시스템 구축의 구심점이 될 수 있다.
- 육역에 집중된 공간환경 디자인 기술을 해양의 특수성에 맞게 개발하여 육역과 해역의 균형 있는 발전에 이바지할 수 있다.

해양 공간의 가치 창출을
위한 미래 사업은?

–

1.

안전한 해양을 위한 디자인 시도

- 해양 안전 디자인 환경설계를 적용한 서비스 디자인 개발하기
- 해양 안전 디자인을 적용한 시범사업 실행하기
- 해양 안전 디자인 기술(Marine Safe Design Standard) 제도화, 표준화하기
- 해양 안전 디자인 인증(SBD : Safety by Design) 시스템 개발하기
- 해안침식 방지를 위한 지속 가능한 연안 페이빙 개발하기
- 해중림 등 안전한 해양공간을 위한 침식방지 공간 디자인하기
- 하구역 수질개선 및 비점오염원 유입방지 공간 디자인하기
- 방파제 낚시, 유람선 낙하사고 예방을 위한 공간 디자인하기
- 해양방재와 같은 긴급상황을 알리거나 방지하는 디자인하기
- 해양 안전사고 대응 매뉴얼 작성하기
- 해양 기반시설의 방염화 디자인 개발하기
- 관광객 접근성 제고와 사용성 증대를 위한 기반시설 확충 및 공간 디자인 하기
- 해양 공간환경 디자인 운영 · 관리 매뉴얼 개발하기
- 복합기능의 안전한 항만 공간 디자인하기
- 레저 기반시설 안전 디자인 기술 개발하기
- 안전한 생활을 위한 도시어촌 수변공간 디자인하기

- 해양 항만 및 플랜트 안전 디자인 계획하기
- 해양 구조물을 활용한 해양 안전 문화공간 조성하기
- 해양 안전 및 생활형 지원 공간 프로토타입 개발하기
- 안전사고 체험 · 교육형 해양센터 디자인하기
- 안전한 해수욕을 위한 부유시설 및 간이 보호막 개발하기

2.

활발히 사용되는 해양을 위한 디자인 시도

- 한국적 해양 공간환경에 적합한 디자인 가이드라인 개발하기
- 주민 참여를 통한 해안 지역 활성화 디자인사업 실행하기
- 해안 정주공간 개선사업 실행하기
- 해양 소공원 조성하기
- 편안하고 이용하기 쉬운 친근한 항만 만들기사업 실행하기
- 해안 주거문화의 보급, 확산을 위한 마을 조성사업 실행하기
- 생활형 해양 문화공간 개선사업 실행하기
- 해양 항만 및 플랜트 경관 디자인하기
- 해양 체육단지 디자인사업 실행하기
- 해양 공간환경을 통한 건강증진을 목표로 하는 마린-케어
  (Marine-Care) 디자인하기

3.

문화가 있는 해양을 위한 디자인 시도

- 해양 공간환경 디자인 특화지역 조성사업 실행하기
- 동해권역 해양 디자인 빌리지 조성사업 실행하기
- 해양 둘레길 환경 정비사업 실행하기
- 남해안 명품 해양공원 조성하기
- 해양 구조물을 활용한 해양 문화공간 조성하기
- 해양 양식시설을 활용한 체험 디자인 개발하기
- 해양 관광"거점"간의 네트워크 디자인하기
- 도심 속 해양 문화공간 조성사업 실행하기
- 해수욕장 주변의 창의적 해양 레저 네트워크 디자인사업 실행하기
- 해수욕장 워터프런트에 대한 서비스 디자인 리노베이션 실행하기
- 해양 예술 프로젝트 만들기 시범사업 실행하기
- 마린-아트(Marine Art)를 기반으로 하는 공간 조성하기
- 해양 기존 시설에 대한 경관조명사업 실행하기
- 아름다운 해안의 포구마을 가꾸기 사업 실행하기
- 유휴 해양 기간시설을 활용한 '문화예술 창작 파도' 조성사업 실행하기
- 해양 친화적 문화환경 조성사업 실행하기

- 동해안 해양 아트파크 조성사업 실행하기
- 해양 관광특구 특화 공간 조성사업 실행하기
- 해양 갤러리 조성사업 실행하기
- 해안 마을 환경개선을 위한 색채 디자인 실행하기

기술사업의 유형을 분류해보면?

이론적 기술사업
해양 디자인 개론서, 해양 디자인 기술 제도화,
공간 활용을 위한 예측맵, 인접시설과의 네트워크 구축,
해양경 재료 개발,
해안마을 주민참여 방안을 포함한 해양 서비스 디자인 개발...

실행적 기술사업
해양 공간환경 프로토타입 개발, 해양경 유니버설 디자인,
해양경 CPTED 개발, 해양공간 조명계획,
해양 공간 이용 프로그램, 해양 브랜드 아이덴티티...

관리적 기술사업
해양 레저공간 이용 매뉴얼, 공간이용 가이드라인 개발,
해양공간 안전 디자인 인증 시스템,
공간 사후 평가관리 시스템, 시설물 체크리스트 개발...

해상도시 디자인 제안

Design Proposal for Marine City

Designs: Kweon, O-Soon · Lee, Hyun-Sung

해상도시를 건설하는 방법 가운데 지금까지 주로 적용된 방식은 토사를 매립하여 지반을 조성하는 것이었다. 그러나 이는 해양 환경을 극단적으로 훼손하였다. 해상도시를 조성하는 방법에는 매립식 외에도 부유식이나 잔교(데크)식이 있는데 대규모 공간을 확보하기 어렵고 많은 비용이 소요되어 많이 시도되지 못했다. 그러나 최근 기술의 발달과 해양환경의 가치가 재평가되면서 다양한 형태의 비매립식 해상도시가 등장하고 있다. 특히 조간대가 발달한 우리나라에서는 이와 같은 비매립식 지반조성 방법에 대한 수요가 클 것으로 예상되므로 이에 대한 심도 있는 연구가 필요하다. 이와 동시에 공간 디자인과 문화 콘텐츠가 융합된 새로운 운영기술도 연구되어야 한다.

새만금에 적용하기 위해 제시된 모듈형 해상도시 시토피아(Sea-topia)는 비매립식으로 해양 생태 환경의 훼손을 최소화할 수 있으며 결합, 해체가 가능하여 도시 규모를 조정하는 데 용이하다. 또한 장기적 관점에서 사회 가치의 변화에 따라 변형이 가능하다.

어촌체험마을 경관특화 디자인 제안

Design Proposal for Specialized Landscape of Fishery Village

Designs: SE(Spatial Environment Design Group)

어촌에서만 접할 수 있는 체험거리는 중요한 집객요소다. 조개잡기, 갯벌체험에 집중되었던 프로그램은 지역마다의 전통적 채취 방법과 특산물 등을 반영, 점차 이색적이고 흥미로운 내용들로 채워지고 있다.

제주시 애월읍에 위치한 구엄마을은 돌염전이라는 특색 있는 소금채취 전통을 가지고 있다. 그러나 기상 및 파도의 문제로 소금 채취시설인 호겡이들이 대다수 파괴된 상태다. 자연히 돌염전 체험도 제대로 운영되지 못하고 있다.

안전을 고려하여 바위 위가 아니더라도 간접 체험이 가능한 관찰용 호겡이와 가마솥을 설치, 소금 생성과정을 재현할 수 있다. 이러한 시설물은 해당 장소 주변에서 쉽게 구할 수 있는 현무암을 가공하여 전통적 방식 그대로 제작하였다.

이외에도 체험요소에 대해 유래와 방법을 상세히 설명하는 안내판을 함께 설치하여 정보를 쉽게 전달한다.

소금책방
소금빌레
Before
After

박 내 선 한국해양과학기술원 국제협력실 실장

A.
저는 현재 한국해양과학기술원(KIOST)의 국제협력본부에서 국제협력업무를 담당하고 있습니다. KIOST를 포함, 우리나라의 해양과학 분야 공동연구 및 협력체계 구축을 위한 국제협력 관련 업무를 맡고 있지만 원래 저의 전공은 도시계획이었습니다. 해양이라는 조금은 낯선 분야에 발을 들여놓은지 5개월이 지난 지금, 자연스럽게 저의 관심사 또한 해양이라는 이슈를 두고 국제 간의 협력적·합리적 발전을 도출하기 위한 방법론의 개발, 국제협력 전문가 육성 등에 모아지고 있습니다. 업무의 중요성에 비해 국제협력이라는 분야의 전문성이 인정을 받지 못할 뿐만 아니라 전문가들도 많이 부족하다는 것을 알게 되었기 때문입니다.

도시계획이 전공이였음에도 불구하고 해양을 다루는 연구원에 들어오게된 것은 연안지역에 대한 관심 때문이었습니다. 동경대학교에 있을 때 '도시 및 지역의 취약성'이라는 주제로 연구를 하면서, 새만금 등 연안의 대규모 프로젝트들을 접하게 되었고 특히 2011년 대일본지진을 경험하면서 연안지역의 물리적 공간과 삶에 대한 관심이

커졌습니다. 한국 또한 3면이 바다인 해양국가임에도 불구하고 지금껏 내륙 중심적 사고와 개발에만 치중하지 않았나 하는 반성과 더불어, 연안지역에 대한 보다 심층적인 연구가 필요하다고 생각하게 되었습니다. 제가 관심 있는 분야는 연안지역의 물리적 발달사로, 연안도시들의 물리적 발달과 바다와의 상관관계에 대한 변화를 밝히고 이를 바탕으로 연안지역의 지속 가능한 발전, 즉 바다의 특성이 어우러지는 해안지역의 개발을 만들어가는 것입니다. 올해 그 첫 발걸음으로 동해안 도시에 대한 연구를 준비하고 있으며, 현재 국제협력본부에 있는 만큼, 동해와 비슷한 후열도분지인 흑해의 연안지역과 비교연구를 계획하고 있습니다.

Q.

일본 해양도시와 국내 해양도시의 구조적 특징을 비교해 보았을 때 가장 큰 차이점은 무엇이라고 생각하시나요?

A.

일본은 섬나라이다보니 아무래도 바다에 대한 태도가 우리와는 다른 것 같습니다. 아까 제가 우리나라가 '내륙지향성'이라고 언급했는데, 많은 지역의 사람들이 내륙에 살고 있다고 생각하고 있습니다. 반면 일본은 '섬나라'라는 인식이 강해서인지 내륙에 살고 있어도 '섬'이라고 생각하는 경향이 있는 것 같습니다.

제가 도시의 구조적 특징을 이거다라고 말씀드릴 수 있을 만큼 해양도시의 구조에 대하여 심도있게 연구를 하거나 분석을 하지는 못했습니다. 사실 이 부분이 제가 앞으로 연구하고자 하는 부분입니다. 다만 도시계획을 하는 사람으로서 직관과 짧은 지식으로 말씀을 드리자면, 먼저 한국의 해양도시는 보다 집중적이고, 일본의 해양도시는 이에 반해 분산적입니다. 이는 특히 항구도시에서 두드러집니다. 한국은 부산, 인천, 목포 등의 주요 항구도시들을 중점적으로 육성하여 국제경쟁력을 키워나갔다면, 일본은 도쿄, 요코하마, 요코스카, 오사카, 고베 등 전면이 바다인 섬 답게 수많은 항구들이 지역마다 존재합니다. 그 결과, 부산항이 아시아의 허브 항구로 성장할 수 있었던 반면, 중소규모의 항구는 발달하지 못했습니다.

어촌마을과 관련해서는 일본의 경우가 그나마 조금 더 산업이 유지되고 명맥을 이어가고 있는 것 같습니다. 우리나라의 경우, 어업을 대물림하려는 생각이 희박하여 농촌보다도 심각한 고령화가 진행되어 가고 있습니다. 농촌에는 귀농인구가 있는 반면에 어촌에는 귀어인구가 거의 없습니다. 따라서, 어촌의 산업적인 지속성에 대해서 고민을 해야 할 것 같습니다. 이는, 해안가가 횟집 일변도로 변해가는 것과도 상관관계가 있습니다. 경관에 대해서 조금 더 말씀을 드리자면 강가와 마찬가지로 해안가도 일본은 과도한 인공적 정비를 하

는 경향이 있는데, 한국도 안타깝게도 최근에는 이런 경향을 따라가고 있는 것 같습니다. 자연스런 해안가라는 것이 점점 사라지고 있지요. 재난에 대한 대비와 토지의 효율적인 이용이라는 미명하에요. 우리나라의 자연스러운 해안선을 잘 살린 해양경관 창출이 필요하다고 생각합니다.

A.

해상무역 감소로 인한 쇠퇴기를 극복한 대표적인 해양도시는 대마도라고 생각합니다. 대마도는 잘 아시다시피 조선시대의 해상무역과 이중외교로 번영을 누렸던 곳입니다. 특히, 조선의 국왕과 일본의 천황 간의 미묘한 갈등을 중간에서 공문서를 위조해가면서까지 외교적으로 무마했는데 그러한 융통성으로 번영을 누렸던 곳이죠. 그러다가, 한일관계가 냉전으로 치달으면서 함께 쇠퇴하게 되죠. 한일관계가 다시 정상화되면서 조선통신사의 문화를 소재로 관광자원을 개발, 제2의 전성기를 맞고 있습니다. 과거의 역사문화뿐만 아

니라 자연경관을 최대한 잘 살려서 이를 관광자원으로 활용하고 있
는 사례입니다. 2010년을 기준으로 3만 4천 명이 거주하는 대마도
에 연 7만 명 정도의 관광객이 찾아오고 있으며 이들 대부분이 한
국사람입니다.

A.

해양 디자인은 바다를 어떻게 인식하고 어떻게 활용할 것인가에서
시작된다고 생각합니다. 2011년 동일본 대지진 이후 도호쿠 지역의
재개발과 관련, 이 지역을 어떻게 재생할 것인가가 다각도로 논의되
었습니다. 도시 디자이너들은 안전한 도시를 구축하기 위하여 높은
제방을 쌓아 연결한 도시를 제안하기도 하였습니다. 그러나 높은 제
방을 쌓으면 쌓을수록 바다는 보이지 않게 되고 바다와의 관계성도
멀어지게 됩니다. 지금껏 바다의 기분을 금방 알아채고 그에 맞게 생
활해왔던 사람들이 이제는 격리로 인해 간단한 위험조차도 감지할

수 없게 되어 버리는 것이죠.

바다라는 것은 많은 위험이 도사리고 있고, 아직도 우리가 알지 못
하는 것들이 많습니다. 하지만, 그럼에도 불구하고 바다가 갖는 매력
때문에 우리는 바다를 찾습니다. 해양 디자인의 역할이란, 사람들이
바다의 매력을 더욱더 많이 누리면서 동시에 바다의 위험으로부터
는 보호해 줄 수 있어야 한다고 생각합니다. 인간이 바다라는 공간으
로 적극적으로 나아가고자 한다면, 바다라는 공간을 더 잘 이해함과
동시에 바다와의 공존의 여지도 남겨줘야 한다고 생각합니다. 해양
디자인은 인간이 바다와 더 잘 어우러지고 친숙해질 수 있는 가교역
할을 해야 하지 않을까요?

Q.
마지막으로 해양도시 디자인에 있어 필히 고려해야 할 점,
중요하다고 생각하시는 부분이 있다면 말씀해주십시오.

A.
해양도시 디자인에서 중요한 것은 먼저 바다에 대한 이해입니다. 제
일 어려운 부분이기도 합니다만, 바다에 대한 충분한 이해 없는 디

자인은 상당한 비용을 수반하게 될 것입니다. 바다라는 것이 총체적인 생태환경이라는 점을 감안할 때, 그 균형상태가 무너지면 이를 회복하는 데는 엄청난 노력과 비용이 들 것입니다. 오랜 경험으로부터 인간은 자연의 가치를 다시금 재발견하고 있는 시점입니다. 따라서, 단기적 이익의 관점에서 개발을 하기보다는 장기적이고도 종합적인 관점에서 접근하는 것이 필요할 것입니다.

두 번째로 중요한 것은 역시 인간이겠죠. 인간이 바다라는 친숙하면서도 낯선 공간과 안전하면서도 아름답게 조우할 수 있도록 하는 것이 해양 디자인의 역할인 만큼, 인간 관점의 디자인이 필요하다고 생각합니다. 인간이 바다에 매력을 느끼고, 다가갈 수 있도록 하는 디자인이라면, 성공적인 해양도시 디자인이라고 생각합니다. 이는 제가 추구하는 해양도시 콘셉트이기도 합니다.

Interviewee Profile

1998 서울대학교 도시공학과 학사

2000 미시건 대학교 도시 및 지역계획학과 석사

2000 ~ 2002 서울시정개발연구원 연구원

2005 동경대학교 사회기반학과 박사

2007 하이파킹 이사

2007 ~ 2009 서울시의회 입법조사관

2005 ~ 2006, 2009 ~ 2012 동경대학교 조교수

2012 ~ 현재 한국해양과학기술원 국제협력실 실장

편저 : Hitoshi Ieda, 『Vulnerability and Toughness in Urban Systems』, c-SUR University of Tokyo, 2012.

역서 : 도쿄 대학 CSUR SSD 연구회, 『살고 싶은 도시 100 _인간과 환경을 생각한 지속가능한 도시디자인』, 21세기 북스, 2012.

Marine Design Example

Marine Design Example

133

Marine Design Example

      도시 차원의 경쟁력이 강화되고 있는 시대적 흐름에서 도시의 공간환경 디자인은 품격을 갖추고 있는 도시인가를 판단하는 중요한 잣대라 할 수 있다. 좋은 공간환경 조성을 위해서는 건축물, 가로, 시설물 등 개별 대상물의 질적 향상을 넘어 대상물 간, 대상물과 사람 간의 어우러짐을 고려한 총체적인 접근방식이 필요하다. 이는 곧 공간을 조성하는 방식이나 시스템의 변화까지도 고려해야 함을 의미한다.

      국내에서도 공간환경 개선을 통한 삶의 질 향상이 정책적 관심사로 대두됨에 따라 이와 관련된 제도적 기반을 조성하고 지자체별로 디자인 사업을 진행하는 등 많은 관심과 투자가 이어지고 있다. 그러나 아직까지 간판, 가로시설물이나 일부 지역에 국한되어 개별적으로 진행되고 있으며 시행 주체의 분산적 업무 진행과 전문성 부족 또한 근본적인 도시환경 문제를 개선하는 데 제약이 되고 있다. 따라서 최근엔 미적 차원의 개별 대상 개선이 아닌 도시환경의 사회적 · 경제적 · 문화적 가치를 향상시키기 위한 통합과정의 일환으로서 공간환경 디자인의 명확한 개념과 기본방향에 대한 연구가 진행중이다.

      이러한 와중에 우리의 공간환경에 대한 관심은 해양으로 확장되었다. 관념적으로 도시와 공간환경의 개념을 육역에만 한정짓는 경향이 있다. 그러나 삶의 무대로서 해양 공간환경은 육역못지 않은 부가가치를 지니고 있다. 해양은 접근성과 안전상의 문제로 인간활동 영역에서 다소 배제되어왔으나 기술, 과학의 발달로 여러 제반조건들이 해결되기 시작했다. 이러한 상황에 비추어 볼 때 디자인 영역에서의 해양에 대한 관심은 시의적절하다고 생각된다. 하지만 그 시작이 해상 도시의 이미지, 요트와 해상 구조물의 미적 치장은 아닐 것이다. 디자인의 가장 큰 가치인 '더 나은 대안을 위한 문제 해결과정'이라는 거시적 관점으로 봤을 때 휴먼 스케일에서 해양이 가진 가장 기초적인 문제부터 하나씩 해결해 나가야 한다. 물론 앞서 수많은 과학자, 공학자분들이 많은 고민을 해주셨고 그러한 연구결과를 토대로 새로운 디자인적 관점을 접목시키려 한다.

　　해안가의 많은 어촌이 점점 비워지고 있고 낭만의 바다엔 시름깊은 한숨들이 많이 들려오고 있다. 많은 사고 소식도 끊임없이 들린다. '사람'과 '바다'라는 관계에 디자인이 매개가 되어 이제 친근하게 연결해보려 한다. 시작은 미약하겠으나 새로운 가치의 가능성을 만들고 여지를 만들 수 있다면 훌륭한 후세들에 의해 해양공간의 가치가 적극 활용되리라는 희망을 가지고….

2013년 5월, 정 규 상

　　　디자이너에게 주된 목표 중 하나는 심미적인 완성도였습니다. 조금만 더 거슬러 올라가면 중세시대까지만 해도 미술 디자인의 발전과정은 철저히 형태와 상징에 관한 것이었습니다. 그런 와중에 산업혁명이라는 인류 최대의 변화를 겪으면서 디자인의 영역이 '기능'이라는 것을 주인공으로 내세우고 산업화 시대에 대량생산을 지원하고 또 포장해야 하는 그런 역할을 아주 성실히 수행했습니다. 그렇다면 지금은 어떤 시대일까요? 아직은 모더니즘의 틀을 벗어나지 못했기 때문에 포스트모던의 시대라 해야 할까요, 아니면 인터넷 혁명 후의 정보시대라 해야 할까요? 어찌되었건 중요한 것은 추구가치가 달라졌다는 것입니다. '기능', '효율', '합리'란 녀석들이 인간 소외의 한 요인으로 찍히기 시작하면서 그 자리를 '인간', '환경'이라는 새로운 주인이 메꾸고 있습니다. 디자인도 이제 그것을 알아갑니다. 기능과 합리성, 표준화를 추구하던 것이 이제 사람을 배려하고 사람의 행태나 심리를 고려하기 시작합니다. 그래서 이젠 디자인의 추구 덕목 중에 '지속 가능성'이라는 요소가 필수가 되어버렸습니다. 이렇게 시대의 환경 또한 이러한 변화를 요구하고 있고 대상을 살피고 분석하고 예측해서 그 과정에 맞는 가치를 찾게 해주고 실현하게 도움을 주는 것과 보여주는 것 또한 디자이너의 역할이 되어버렸습니다.

　　　　인간과 자연이 떠오르는 지금, 새로운 추구 가치는 무엇일까요? 이러한 상황에서 가장 중요한 마인드 중 하나는 바로 '변화'입니다. 결국 그 변화는 '창의성'까지 도출케 합니다. 변화를 재해석하고 받아들여야 하는 이유는 바로 이것 때문입니다. 흔히들 기업에서는 '혁신'이라는 말을 많이 사용합니다. 혁신은 바꿔서 새로운 것을 뜻합니다만 변화는 융통성을 가지고 유기적으로 다른 개념들을 받아들이는 과정으로 봅니다. 결국 그러한 변화라는 것은 삶의 가장 가치 있는 요소 '주체성'과 '창의성'을 선물로 줍니다. 우리는 그 변화라는 주제를 가지고 공간의 대상을 바꿔보기 시작했습니다. 우리가 아는 공간환경이 아닌 참 가까이 있지만 항상 뒷전으로 미뤄두었던 새로운 공간환경, 바로 바다입니다. 바다를 디자이너가 바라보면 어떤 공간가치가 나올지 무척 기대되는 마음으로 '해양 디자인'이라는 조그만 배를 띄워봅니다. 처음부터 대안과 해결책까지는 제시할 수는 없겠지만 디자인이 가진 가장 고귀한 목적인 '가치 창출'을 사람과 환경을 위하는 새로운 시대정신 위에서 추구하려는 임무에 성실하고자 부족하나마 미약한 항해를 시작해봅니다.

2013년 5월, 이 현 성

　　해양 디자인에 관해 연구하는 동안에도 해양자원의 중요성, 해양환경의 위험성은 갈수록 높아졌다. 이러한 위기는 미래 에너지원 발굴과 해양재해로부터의 안전, 재해 조절기술에 많은 관심과 투자를 집중시키고 있다. 분명 필수적인 기술이지만 이에 대한 편중으로 인해 해양공간에서 일상을 보내는 사람들을 위한 쾌적함, 친근감 향상의 문제는 상대적으로 외면되어 왔다. 즉, 사회·문화적 공간으로서 해양 공간환경 형성에 대한 관심은 부족하다. 이 책은 이러한 문제를 디자인을 통해 해결, 개선할 수 있음을 설득하기 위한 것이다. 앞서 소개한 해외 사례에서 볼 수 있듯이 약간의 과학적 기술에 디자인적 고려를 더해 그 동안 간과되어 왔던 해양공간의 기초적인 문제점을 해결할 수 있다. 인명사고 방지를 위한 해수욕장 내 보호막 설치 혹은 더 나아가 부유형 간이 해수욕 시설 조성이나 모두의 접근을 수월하게 하는 장치, 사계절 프로그램 등…. 이는 모두 해양 공간을 이용하는 사람의 행태와 감성에 주목한 접근법이다. 국내에서도 시간적, 경제적 여유가 생길수록 바다를 찾는 사람들이 늘고 있다. 증가하는 방문객과 주민, 사람과 자연 간 평온한 질서를 유지하기 위해 그리고 경험하지 못한 새로운 해양문화 창출을 위해 해양 디자인에 대한 인식과 비전을 명확히 해야 할 시점이다.

2013년 5월, 신 서 영

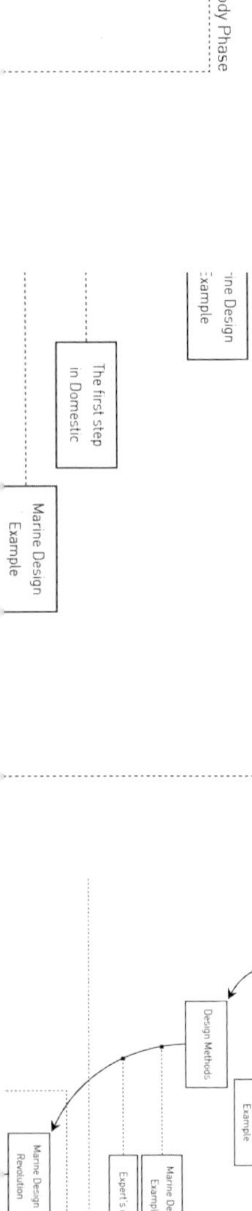

국내 도서

김석균 외, 「2011 해양경찰백서」, 해양경찰청, 2011.

김해련 외, 「대한민국 디자인 전략 2020 보고서」, 한국디자인진흥원, 2011.

락시미 바스카란, 『한 권으로 읽는 20세기 디자인』, 시공아트, 2007.

빅터 파파넥, 『인간을 위한 디자인』, 미진사, 2009.

산업자원부, 「선박기술로드맵」, 2002.

샬로트 J, 피터 M, 『20세기 디자인』, 아트앤북스, 2003.

성인수, 「비판적 지역주의와 한국 현대건축」, 건축역사연구, 5(1), 1996.

양진석, 「환경설계(CPTED)를 활용한 도시범죄 예방에 관한 연구」, 안양대 박사
　　　학위 논문, 2010.

온영태, 「연안경관 및 조망권 확보를 위한 제도개선 방안 연구」, 해양수산부,
　　　2002.

임연웅, 『현대디자인원론』, 학문사, 2002.

정규상 외, 「해안 디자인 가이드라인의 구성요소 및 특성 분석」, 한국디자인문
　　　화학회지, 18(4), 2012.

정규상 외, 「해양 공간의 가치 창출을 위한 해양디자인기술 개발 기획연구」, 국
　　　토해양부 한국해양과학기술진흥원, 2012.

정찬수, 「선박 및 해양레저산업에 대한 디자인 인력양성에 관한 연구」, 홍익대
　　　박사학위 논문, 2011.

존 A. 워커, 『디자인의 역사』, 까치, 1995.

존 헤스켓, 『로고와 이쑤시개』, 세미콜론, 2005.

(주)휴앤즈, 「공공디자인 선진사례 연구답사 제6차 자료」, 한국디자인진흥원,
　　　2008.

진양교, 『Journey to the Memory and Symbol : 43 도시재생공원』, 조경, 2010.

가와사키 시 마을 만들기국 계획부 경관·마을 만들기 지원과, 「일본의 경관색
　　　채 가이드라인」, 디자인서울총괄본부, 2008.

한국공예디자인문화진흥원, 「2009 디자인 백서」, 문화체육관광부, 2010.

한국해양수산개발원, 「해양기반 신국부 창출 전략」, 2009.

해양정책국, 「연안가치 제고와 지역경제 활성화 방안」, 국토해양부, 2011.

국외 도서

A. Tzonis & L. Lefaivre, 「Why Critical Regionalism Today?」, A+U, 1990.

Coastal Council of NSW, etc., 「Coastal Design Guidelines for NSW」, Coastal
　　　Council of NSW, 2003.

Kenneth Frampton, 「Modern Architecture : a critical history」, London, Thames and Hudson, 1985.

Port of San Francisco, 「Blue Greenway Planning and Design Guidelines」, Port of San Francisco, 2011.

UNESCO IOC, 「Marine Spatial Planning：A Step-by-Step Approach toward Ecosystem-based Management」, IOC Manual and Guides No.53, 2009.

국내 웹 사이트

강원타임즈 | www.kwtimes.co.kr

경남신문 | www.knnews.co.kr

국가법령정보센터 | www.law.go.kr

국립국어원 표준국어대사전 | stdweb2.korean.go.kr

국립해양박물관 | www.nmm.go.kr

국토해양부 공식블로그 국토지킴이 | blog.daum.net/mltm2008

뉴스1 | news1.kr

뉴시스 | www.newsis.com

머니투데이 | www.mt.co.kr

연합뉴스 | www.yonhapnews.co.kr

지역디자인혁신사업 해양디자인DB | mdb.dcb.or.kr

한국일보 | news.hankooki.com

한국조경신문 | www.latimes.kr

국외 웹 사이트

icebergs.com.au

korean.huistenbosch.co.jp

vincent.callebaut.org

www.barcelonaturisme.com

www.constructionawardsnw.co.uk

www.cpted.net

www.designcouncil.info

www.harborplace.com

www.minatomirai21.com

www.morguefile.com

www.tonkinliu.co.uk

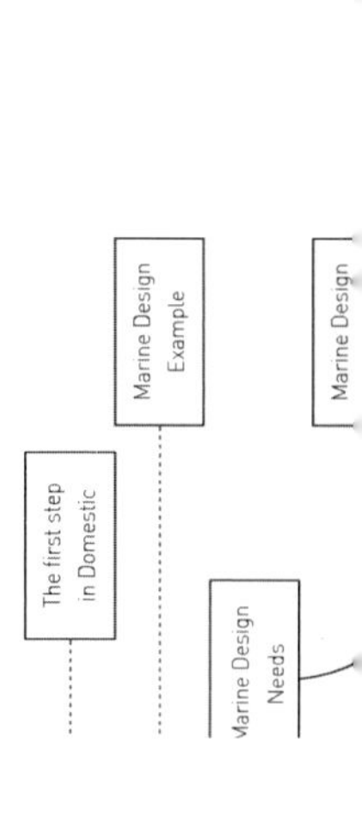

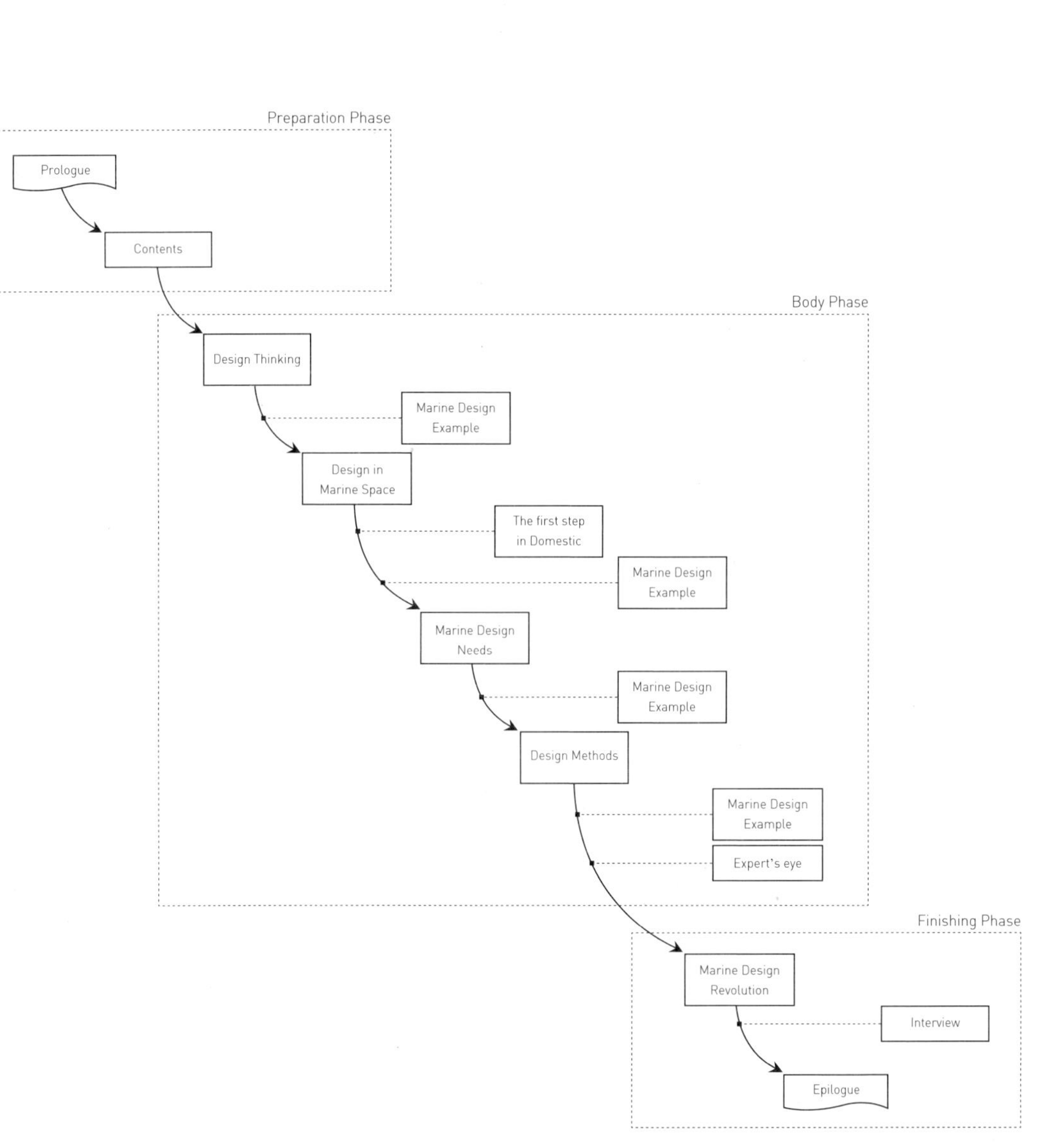
Preparation Phase
Prologue
Contents
Body Phase
Design Thinking
Marine Design
Example
Design in
Marine Space
The first step
in Domestic
Marine Design
Example
Marine Design
Needs
Marine Design
Example
Design Methods
Marine Design
Example
Expert's eye
Finishing Phase
Marine Design
Revolution
Interview
Epilogue